Straw Based Materia[ls and]
Applications

秸秆基材料与应用

王晓娥　杨晓东　编著

化学工业出版社
·北京·

内容简介

本书主要介绍农作物秸秆的材料化综合利用，对我国秸秆的“五化”利用方式进行了简要介绍，并结合秸秆的结构、理化特性及预处理技术方法，将其在建筑、造纸、包装、吸附、储能等领域材料加工、制备工艺与应用现状方面的应用作了全面系统的梳理与概括。针对我国对生物质新材料的现实需求，总结了秸秆在3D打印材料、凝胶材料、汽车内饰材料、胶黏剂等新兴领域的研究进展与应用现状。

本书跟踪前沿科技，兼顾基础理论与应用实践两个方面，融入了作者与国内外同行的最新研究进展与成果，可为相关研究人员提供一定参考，也可供相关专业本科生、研究生参考学习。

图书在版编目（CIP）数据

秸秆基材料与应用 / 王晓娥，杨晓东编著. —北京：化学工业出版社，2023.5（2024.1 重印）

ISBN 978-7-122-43247-6

Ⅰ. ①秸… Ⅱ. ①王… ②杨… Ⅲ. ①秸秆—新材料应用—研究 Ⅳ. ①TB3

中国国家版本馆 CIP 数据核字（2023）第 058635 号

责任编辑：廉　静　李植峰
责任校对：李露洁
装帧设计：王晓宇

出版发行：化学工业出版社
（北京市东城区青年湖南街 13 号　邮政编码 100011）
印　　装：北京天宇星印刷厂
710mm × 1000mm　1/16　印张 11¾　字数 187 千字
2024 年 1 月北京第 1 版第 2 次印刷

购书咨询：010-64518888
售后服务：010-64518899
网　　址：http://www.cip.com.cn
凡购买本书，如有缺损质量问题，本社销售中心负责调换。

定　　价：68.00 元

前言
PREFACE

随着世界经济社会的快速发展及对自然资源需求的日益增加，人类开始大规模开采和利用煤、石油、天然气、矿石等不可再生资源，导致上述不可再生资源总量的急剧下降。在砍伐和使用树木等传统资源的同时，也使得地球生存环境不断被破坏和污染。以石油化工、制造业为典型代表的现代工业在为我们提供充足而实用的功能材料的同时，也引发了环境污染、温室效应等诸多问题。因此，各国政府与科学家开始关注各类污染源的预防与处理，并力求寻找一种能够替代木材、石油、煤炭等传统原料制备功能材料的可再生资源。

生物质包括所有植物、微生物及以植物、微生物为食物的动物及其产生的废弃物。有代表性的生物质如农作物、农作物秸秆、木材、木材废弃物和动物粪便等，是一类可再生、低污染、分布广的绿色资源，也是仅次于煤炭、石油和天然气的可再生资源。其中农作物秸秆作为一种天然生物质，是重要的可再生资源，其价格低廉、储量巨大且无环境污染等问题，可替代木材、石油、煤炭等原料制备附加值较高的新型功能材料。因此，农作物秸秆的高值化综合开发与利用越来越受到政府、科研院所和高校的广泛关注。

到目前为止对废弃物秸秆材料高值化利用方面阐述较为全面的著作较为少见，且多集中在秸秆的传统利用方式，如肥料化、饲料化及燃料化等方面。鉴于此，作者在广泛收集国内外文献资料的基础上，全面系统地介绍了秸秆材料的成分结构、性能及其应用，并对其最新的研究进展加以总结概括，希望吸引更多的科技人员投身到秸秆的材料化利用研究中，以推动该学科的快速发展，促进生物质资源的综合开发和利用。

本书共8章，第1、2章由杨晓东编著，第3～8章由王晓娥编著，编著者对书稿进行了反复审核修正。

在本书编写过程中，吉林工程技术师范学院任勃教授、王博副教授等领导和同事给予了大力支持和热心帮助；同时房子楠、陈时、刘佳琳等在收集资料、文字校对等方面也提供了协助。在此一并致以深深的谢意。

鉴于本书内容涉及知识面广，作者水平有限，疏漏之处在所难免，恳请广大读者不吝指正。

编著者

2023年3月

目录

CONTENTS

第1章

秸秆概述

1.1 秸秆的定义及其构成

1.2 中国秸秆资源及分布

1.3 秸秆综合利用方式

1.4 秸秆基功能材料及其研究意义

近年来，随着我国经济社会的快速发展及对自然资源需求的日益增加，人类开始大规模开采和利用煤、石油、天然气、矿石等不可再生资源，导致上述不可再生资源总量急剧下降。在砍伐和使用树木等传统资源的同时，也使得地球生存环境不断被破坏和污染，例如：酸雨（Acid rain）、雾霾（Smog）、全球气候变暖（Global warming）等现象在世界各地频频发生，这些自然灾害时刻威胁着人类的生存与健康。

生物质（Biomass）是指利用大气、水、土地等光合作用而产生的各种有机体，即一切有生命的可以生长的有机物质的统称。生物质是一种可再生、低污染、分布广的绿色资源，是仅次于煤炭、石油和天然气的重要可再生资源。农作物秸秆作为一种天然生物质，是可再生资源利用的重点之一，其价格较为低廉、储量巨大且无环境污染等问题，可替代木材、石油、煤炭等原料制备附加值较高的新型功能材料。因此，秸秆的综合开发与利用越来越受到政府关注。

中国是农业生产大国，每年产生大量农作物秸秆（Crop straw），目前仅重要作物秸秆就有20余种，数量巨大且分布范围非常广泛。2021年中国农业农村部发布的《全国农作物秸秆综合利用情况报告》中指出，中国秸秆每年产生量约达8.65亿t，可收集量为7.35亿t，占全球秸秆总产量18.5%左右，为世界第一秸秆产出大国。中国主要农作物秸秆类型为粮食秸秆，其中玉米秸秆（约占36.7%）、水稻秸秆（约占27.5%）及小麦秸秆（约占15.2%）为产量最高、分布最广的三大农作物秸秆。从秸秆利用途径看：秸秆肥料化利用量（包括直接还田）为4.7亿t，占可收集资源量的51.20%；饲料化利用量为1.8亿t，占可收集资源量的20.20%；燃料化利用量为1.27亿t，占可收集资源量13.79%；工业原料化利用量为0.23亿t，占可收集资源量的2.47%；基料化利用量为0.23亿t，占可收集资源量的2.43%。其余被废弃和焚烧的秸秆量约1亿t，占可收集资源量的9.91%左右。

随意丢弃与无控焚烧，曾经是我国农村地区处置秸秆的主要方式，不仅会造成资源的巨大浪费与环境的严重污染，还可能导致火灾与交通事故频发，对居民健康与生态环境造成严重危害，如图1.1。由于秸秆收集、处理及储运成本等因素，目前，中国农作物秸秆综合利用的高值化程度较低，商品化和产业化进展速度较慢。

（a）秸秆焚烧造成环境污染严重

（b）秸秆焚烧造成的交通事故

图 1.1　秸秆焚烧危害

1.1　秸秆的定义及其构成

1.1.1　秸秆的定义

秸秆（Straw），古称藁，又称禾秆草，狭义上是指玉米、水稻、小麦等禾本科农作物成熟脱粒后剩余的茎叶部分。广义上是指所有农作物收获后剩下的植株部分，是农村地区主要的农作物副产物，主要包括粮食作物、油料作物、棉花、糖料作物和大麻等。

1.1.2　秸秆的构成

农作物秸秆组成成分复杂，为多种复杂高分子有机化合物和少量矿物元素组成的复合体。为实现农作物秸秆的材料化利用，需要深入开展秸秆组成成分（化学组成、元素组成、矿物质组成、灰分组成）等原料特性研究，以全面获取农作物秸秆科学、高效、安全利用所需的基础特性数据。

（1）化学组成

农作物秸秆的化学组成包括纤维素（Cellulose）、半纤维素（Hemicellulose）、木质素（Lignin）、粗蛋白（Crude protein）、可溶性糖（Soluble sugar）和粗灰分（Ash）等，这些化学组成是评价农作物秸秆材料特性的重要指标，部分秸秆原料的主要成分见表 1.1。

① 纤维素，秸秆中含量最高，可达 40%～50%，由 D-葡萄糖分子通过 β-1, 4-糖苷键连接而成的天然高分子线性多糖，是植物细胞壁的主要结构成

表 1.1 部分秸秆原料的主要成分

秸秆种类	各成分比例/%					
	中性洗涤纤维	酸性洗涤纤维	纤维素	半纤维素	木质素	灰分
小麦	71.4～77.5	47.9～57.2	29.6～42.9	20.5～41.5	6.5～18.8	6.8～8.5
玉米	63.3～81.5	37～48.7	28.8～32.7	27.5～40.6	7.4～21.7	5.1～7.1
水稻	62.1～75.3	38.3～44.5	35.3	26.56～30.8	9.2	8.5
花生	—	—	31.1	11.5	26	7.2
紫苏	72.6	70.6	62.9	—	5.1	7.1
燕麦	65.1	44.3	37.6	20.8	6.7	—

分，通常与半纤维素、果胶和木质素结合在一起。自然界中纤维素主要以微纤维组成的结晶形状存在，化学性质稳定，不溶于稀酸。在高温、高压和酸性条件下，可水解成为葡萄糖。

② 半纤维素，是由几种不同类型单糖构成的异质多聚体，包括木糖、阿拉伯糖、半乳糖及甘露糖等五碳糖和六碳糖。半纤维素结合在纤维素微纤维的表面，并且相互连接，构成了坚硬的细胞相互连接网络。半纤维素一般不溶于热水，而溶于稀酸。半纤维素在植物体内的功能，一是起到支架和骨干作用，二是储存碳水化合物的作用。

③ 木质素，是由3种苯丙烷通过醚键和碳碳键相互连接形成的具有三维网状结构的生物大分子，含有丰富的芳香族环结构、脂肪族和芳香族羟基及醌基等活性基团。木质素常与纤维素、半纤维素镶嵌在一起且不易分开，既增加了提取纤维素和半纤维素的难度，同时又影响其降解效率。木质素的作用是保护植物防止微生物的侵袭，在细胞之间作为一种黏合剂起到支架作用。

纤维素、半纤维素和木质素三大基本成分的分子链组成及其相互关系，如图 1.2 所示，分子式中含有大量的羟基（Oxhydryl）、醛基（Aldehyde group）、羧基（Carboxy）等还原性活性基团。研究发现，不同秸秆及同一秸秆不同部位的成分含量存在较大差异。秸秆茎部纤维素、木质素含量较高，而穗部的半纤维素含量较高。小麦秸秆和棉花秸秆的总木质纤维素成分含量最高，水稻秸秆和玉米秸秆的可溶性糖含量最高。油菜秸秆中纤维素含量较高，小麦秸秆次之，水稻秸秆中纤维素含量相对较低。小麦秸秆中半纤维素含量最高，油菜秸秆的半纤维素最低。不同种类秸秆中木质素含量不同，玉米秸秆木质素含量较高，而油菜秸秆和小麦秸秆较低。

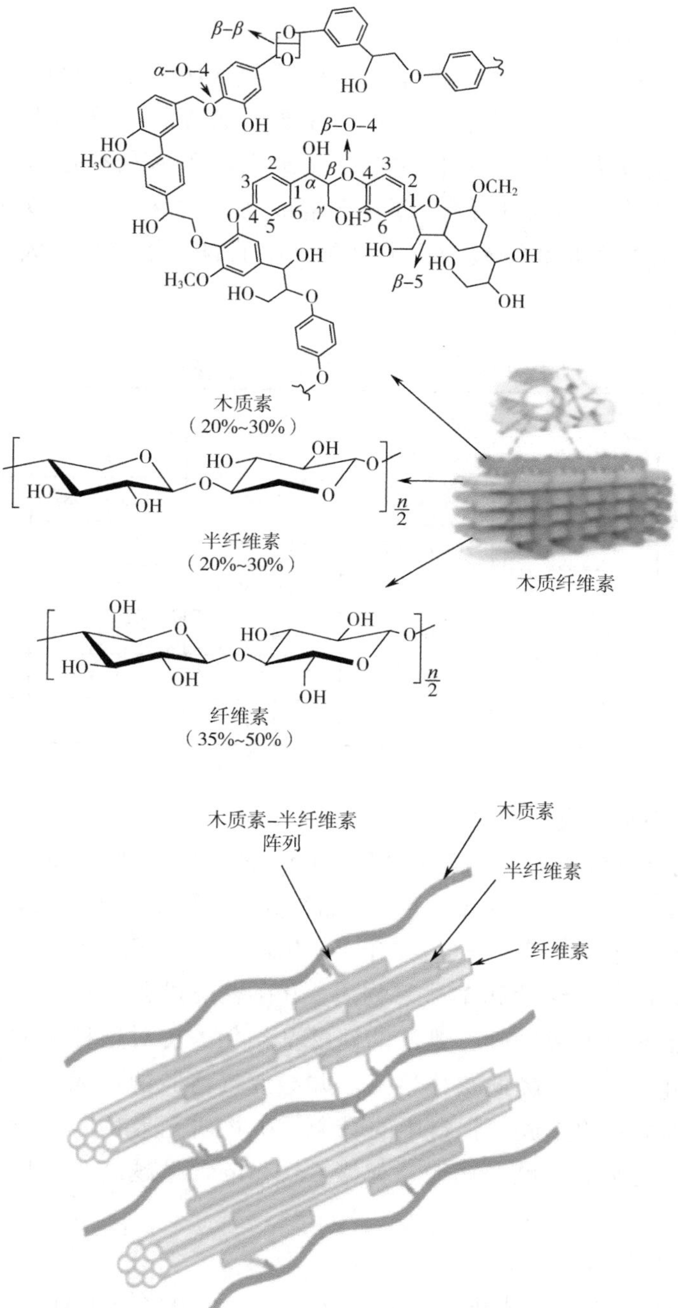

木质素
（20%~30%）

半纤维素
（20%~30%）

纤维素
（35%~50%）

木质纤维素

木质素-半纤维素
阵列

木质素

半纤维素

纤维素

图 1.2　秸秆三大基本组成成分及其相互关系

（2）元素组成

农作物秸秆的元素组成主要有碳（C）、氢（H）、氧（O）、硫（S）、氮（N）等（见表1.2）。对小麦、水稻、玉米、大麦、大麻和大豆等秸秆的元素组成进行分析，大麻秸秆的C含量最高，玉米秸秆最低；大豆秸秆中H的含量最低；玉米秸秆中O的含量最高，大麻秸秆中O含量最低；秸秆中的S元素含量普遍较少；大豆秸秆中的N含量最高，大麻秸秆中的N含量最低。

表1.2　部分秸秆原料的元素含量比例

秸秆种类	元素比例/%				
	C	H	O	S	N
小麦	39.9～49.8	5.7～6.8	36.2～42.0	0.13～1.88	0.61～0.67
水稻	40.7～44.8	5.7～7.7	32.3～49.9	0.5～2.6	0.4～1.2
玉米	39.2～41.7	4.9～6.0	40.5～52.9	0.2	0.6～0.9
大麦	45.4	6.1	41.9	0.1	0.7
大麻	66.9	5.8	27.2	0.14	0.3
大豆	41.5	5.5	41.4	0.3	2.9

（3）矿物质组成

农作物秸秆的矿物质元素包括磷（P）、钾（K）、钠（Na）、镁（Mg）、钙（Ca）、铁（Fe）、铜（Cu）和锌（Zn）等。秸秆中的矿物元素对燃烧过程控制及燃烧产物的处理十分重要。P、K和Na是生物质燃料中的可燃成分，燃烧后产生P_2O_5、钾盐和钠盐等物质。P在燃烧过程中易与水蒸气形成焦磷酸，结合飞灰形成坚硬、难溶的磷酸盐结垢。K对秸秆灰的熔融行为有负面的影响，可能会降低灰分熔点，并导致气溶胶的形成，从而提高沉积物的形成和微粒的排放。物料中的碱金属矿物质元素K、Na含量越高，燃料结渣趋势越明显，碱金属矿质元素Ca、Mg含量越高，则燃料结渣趋势越小。

（4）灰分组成

农作物秸秆灰分组成包括二氧化硅（SiO_2）、氧化铝（Al_2O_3）、五氧化二磷（P_2O_5）、氧化钾（K_2O）、氧化钠（Na_2O）、氧化镁（MgO）、氧化钙（CaO）、氧化铁（Fe_2O_3）、氧化锌（ZnO）和氧化铜（CuO）等物质。秸秆灰分中60%以上为SiO_2。目前，由秸秆制备出的“工业味精”——纳米二氧化硅已经成为研究热点。但是，由于SiO_2含量过高易导致材料之间胶合性能降低，因此，在制备人造板等材料时仍需对秸秆进行预处理。

1.2 中国秸秆资源及分布

1.2.1 秸秆资源

农作物秸秆主要包括粮食作物、油料作物、经济作物等，但不包括蔬菜、甘蔗等种植或加工剩余物。秸秆资源量一般包括理论资源量和可收集资源量，本书涉及的秸秆资源量如无特别说明，均指可收集资源量，指某一区域通过现有收集方式可供实际利用的最大秸秆数量，由理论资源量乘收集系数确定。

2020年，中国每年农作物秸秆可收集资源量约为9.2亿t，其中玉米（*Zea mays* L.）、水稻（*Oryza sativa* L.）、小麦（*Triticum aestivum* L.）三大粮食作物秸秆资源量占全国秸秆资源总量的84.8%，是农作物秸秆的主要来源。棉花、油菜、花生、豆类、薯类、其它谷物秸秆分别占秸秆总量的2.8%、2.4%、2.1%、2.8%、3.3%和1.8%。

1.2.2 秸秆分布

受地理环境和气候条件等因素影响，中国农作物秸秆资源空间分布总体呈现出“东高西低、北高南低”的阶梯状分布特征，主要集中在东北、华北和长江中下游地区，分别占全国秸秆资源总量的20.7%、24.6%、22.3%，这些区域大部分属于秸秆资源的重点开发区。从省级行政区层面分析，由于中国粮食生产逐步向核心主产区集中，13个主产区粮食作物秸秆占全国粮食作物秸秆的78.4%，秸秆资源占全国秸秆资源总量的76.1%。相关数据表明，中国13个粮食主产区的粮食产量占全国粮食总量的78%，主产区秸秆与粮食产量占全国比重数据基本吻合。

玉米、水稻、小麦三大粮食作物产出的秸秆占比最大，是中国秸秆资源综合利用的重点。三大粮食作物秸秆的区域富集性非常显著，但却表现出不同的空间分布特征。玉米秸秆资源主要在东北和华北地区富集，并沿对角线向西南地区延伸，东北和华北地区的玉米秸秆占全国资源总量的68.1%，其中，黑龙江、吉林、山东、河北、河南5省秸秆资源最为丰富且集中，合计占全国玉米秸秆资源总量的56.9%。水稻秸秆资源的分布出现在南北两极，分别以黑龙江为极心的东北地区和以湖南、江西为极心的江南地区（包括长江中下游、西南和东南），黑龙江、湖南、江西三省的水稻秸秆量占全国资源总量的37.0%。小麦秸秆资源主要分布在华北地区，以山东、河南为中心，向南北出现短线扩散，向西部沿河西走廊深度延伸，华北地区的小麦秸秆量占全国小麦秸秆资源总量的59.3%。

根据全国农村可再生资源统计调查进行数据分析，如表1.3显示，在2016年中国主要农作物秸秆产生总量约达到9.84×10^8t，玉米、水稻、小麦、棉花、油菜、花生、豆类、薯类、其它作物秸秆产量分别占秸秆总量的41.25%、22.86%、18.02%、2.40%、3.05%、2.01%、2.79%、3.68%、2.29%，其中玉米秸秆产量最大，达到4.12×10^8t。其中玉米秸秆在中国各行政区均有分布，主要在东北地区与华北地区，占总量的50%以上。近几年，东北、华北、西北地区资源量有所增加，华东、华中、西南、华南略有下降。预测到2025年玉米秸秆的理论资源量为（2.53 ± 0.58）$\times10^8$t，可收集资源量为（1.86 ± 0.51）$\times10^8$t。

表1.3 2016年中国主要农作物秸秆资源区域产生量 单位：万t

秸秆种类	华北区	东北区	华东区	中南区	西南区	西北区	全国
玉米	8065.76	15647.12	6131.84	4532.24	2344.01	4531.37	41252.34
水稻	97.30	3898.45	7758.81	8321.95	2485.26	301.65	22863.41
小麦	2535.51	27.15	7217.40	5305.52	620.12	2357.27	18062.97
棉花	239.96	0.03	371.17	311.96	5.72	1471.31	2400.15
油菜	71.86	0.01	604.89	1084.66	844.90	447.39	3053.70
花生	190.06	231.66	469.62	1026.13	75.34	15.73	2008.53
豆类	426.67	1011.09	502.98	450.12	232.63	168.38	2791.87
薯类	277.12	58.20	567.08	1079.06	1142.96	552.18	3676.60
其它作物秸秆	186.06	414.75	299.75	346.70	801.94	241.56	2290.76
总计	12090.30	21288.46	23923.54	22458.33	8552.89	10086.83	98400.33

1.3 秸秆综合利用方式

1.3.1 国外秸秆利用方式

国外大多采取休耕制，秸秆多用于还田、饲料、再加工等，虽然没有形成具有一定规模的产业化利用模式，但整体看来并没有造成严重的环境污染、资源的巨大浪费及社会发展等问题。

（1）秸秆肥料

大多数发达国家已经将保护性耕作写进法律并进行强制性执行，而保护性耕作政策也为这些国家直接或间接带来了巨大的农业经济效益和社会效益。20世纪30～40年代，美国为改善西部地区因滥用化学肥料带来的“黑色风暴”，重点加强了对保护性耕作的研究力度，最终广泛使用了利用废弃农作物秸秆覆盖耕作的方法，实行免耕与少耕作，最终实现了改善美国西部农场土壤板结、酸化等问题。

在美国、英国等国家，肥料化也是农作物秸秆的主要利用方式之一，经过多年研究与发展，形成了“秸秆直接还田＋厩肥＋化肥”的“三合制”施肥制度，即施肥结构中有2/3来自秸秆还田和厩肥，化肥只占1/3，这与我国目前普遍以化肥为主的施肥结构形成鲜明的对比。其中秸秆翻压还田（直接还田）已经成为一项颇受欢迎的保护性耕作技术，深受发达国家的重视。美国一直坚持秸秆全量翻压还田，即通过农业机械化，在作物收获期便将秸秆处理还田，达到将秸秆用作肥料的目的。利用收获期还田，不会出现因搁置秸秆而出现的虫蚀、腐烂等问题，还不需要人工收集秸秆产生的额外工作量。位于英国的洛桑试验站在持续的实验监测中发现，每年把1hm^2的玉米作物秸秆全量翻压还田，土壤含有的有机物质总含量提高0.4%。经多次秸秆还田对比试验，发现秸秆直接返田要明显好于堆积腐烂后还田，其中直接还田后，更能增加土壤的有机质含量。

据美国农业部统计，美国年生产作物秸秆4.5亿t，约占有机废弃物产量的70.4%，秸秆直接还田占生产量的68%；加拿大年产秸秆量5350万t，其中2/3直接还田；日本稻草产量约1500万t，占日本秸秆总产量的3/4左右，其中2/3直接还田，1/5左右用于牛饲料或养殖场的垫料；英国秸秆直接还田量占总量的73%。

（2）秸秆饲料

欧美国家对秸秆饲料化的研究技术也比较成熟，约有20%的秸秆被重新加工制作饲料。据估算，1t农作物秸秆经专业处理做成饲料的营养价值约等于0.25t的优质粮食。利用秸秆用作饲料的手段主要包括生物处理法、物理机械处理法和化学处理法。其中物理方法通过直接切短或粉碎、浸泡、压制煮熟和膨化等方式，使牲畜对秸秆的消化率提高，此方法操作易于实施，具有较强的实用性。

（3）秸秆再加工产品

国外对秸秆的再加工类似我国的原料化利用，主要包括秸秆乙醇加工、秸秆建筑材料、秸秆炭材料等。其中秸秆板材的生产，早在20世纪80年代美国路易斯安那州就已经开展相关研究，早已形成了完整的秸秆板产业生产加工体系。1998年建立在加拿大isoboard（艾索波德）麦秸板厂，是目前世界上最大的麦秸板厂，公司拥有成熟的秸秆板材加工技术，麦秸板的年产量可达1000万m^2，对秸秆资源的综合利用率较高。秸秆作为一种可再生环保型材料，可广泛应用在建筑领域。对秸秆建筑进行防火能力检查时，发现秸秆建筑比传统的木构架建筑在抗燃方面表现更为优秀。在抗虫蚀方面，由于秸秆的组成成分较为单一，对于啮齿类昆虫来说没有木材的吸引力大，所以在虫蛀方面，秸秆建筑也要比木质建筑有更大的优势。

（4）秸秆能源

欧美国家在秸秆离田利用方面基本形成了除秸秆还田、养畜外的新型能源产业化利用，主要用于秸秆发电、秸秆沼气、成型燃料和纤维素乙醇等。秸秆中含有70%～75%纤维素和半纤维素、15%～20%木质素，可利用纤维素酶发酵菌种发酵生成乙醇，再用木质素酶分解木质素部分转化为生物燃料乙醇。其中比较典型的有丹麦的秸秆发电、德国秸秆沼气、美国的成型燃料和纤维素乙醇等。美国、德国的农作物秸秆离田机械化程度较高，是有效利用秸秆产业化利用技术体系和秸秆收储运技术装备体系的有力保障。

美国是全球玉米种植大国，玉米种植已经纳入了美国的战略农作物，大量的玉米秸秆被用来生产燃料乙醇，据统计，每1t玉米秸秆能够生产出500L乙醇，每年能为美国提供25%的生物燃料油。因此，美国人种植的玉米，即使遇上干旱颗粒无收的时候，也要把剩下的秸秆收获打包，运回原料厂生产乙醇燃料。美国使用燃料乙醇作为生物油，常常掺混在汽油中，一般按照15%～20%比例加入，能够节省大量汽油资源。因此，燃料乙醇在美国是一种非常重要的战略资源。

国外秸秆综合利用及其政策为我国提供了有益借鉴，但是，中国农业经营体制与经营模式与西方国家有很大不同，不能照搬照抄国外的政策与技术。欧美国家农业生产是农场制，农业经营实施规模化、集约化和机械化，农作物生产经营体系和秸秆收储体系相对完善且成熟。中国人多地少，农业生产经营方式属于小规模的家庭联产承包经营体制。随着我国工业化和城镇化的深入推进及农村劳动力的快速流动，农户土地细碎化、农户兼业化、农业副业化、农村劳动力老龄化和妇女化等现象日益严重，农作物秸秆量大、分散，秸秆收储运成本高、效率低，秸秆综合利用政策必须立足国情，探索建立农户、企业、政府三方合作共赢的秸秆综合利用长效机制，才能为中国农作物秸秆全域全量利用创造良好的制度环境。

1.3.2 中国秸秆利用方式

目前，中国秸秆资源利用的途径和方式主要有5种，即所谓的“五化”：一是肥料化，可分为直接还田和间接还田，占可收集秸秆资源量51.2%；二是饲料化，通过物理、化学、生物方法对秸秆进行处理，提高适口性，占可收集秸秆资源量20.2%；三是燃料化，通过固化成型、直燃、气化及发酵等技术制备燃料，占可收集秸秆资源量13.8%；四是基料化，与土壤、木屑等混合制备基质，用于育苗及食用菌栽培，占可收集秸秆资源量2.4%；五是原料化，利用完整秸秆或提取的木质纤维素制备建筑、环保、包装造纸、电池材料等，占可收集秸秆资源量2.5%。其中原料化利用方式可显著提高秸秆产品的附加值，在一定程度上缓解对森林资源的依赖，满足工业和农业生产的原料供给。中国农作物秸秆“五化”综合利用情况及技术如图1.3与表1.4所示。

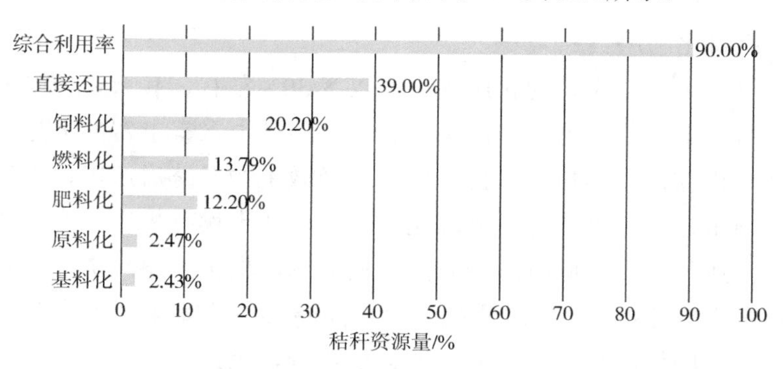

图1.3 中国秸秆综合利用情况

表1.4 秸秆“五化”综合利用技术

技术类别	技术	秸秆来源
肥料化	直接还田	玉米、小麦、水稻、油菜、棉花等
	腐熟还田	水稻、小麦等
	生物反应堆	玉米、小麦、水稻、豆类、蔬菜藤蔓等
	堆沤还田	除重金属超标的农田秸秆外的所有秸秆
饲料化	青（黄）贮	玉米、高粱等
	碱化/氨化	小麦、水稻等
	压块饲料加工	小麦、水稻、豆类、薯类、向日葵（盘）等
	揉搓丝化加工	玉米、豆类、向日葵等
燃料化	固化成型	玉米、水稻、小麦、棉花、油菜、烟草、稻壳等
	秸秆炭	玉米、棉花、油菜、烟草、稻壳等
	秸秆沼气	玉米、小麦、豆类、花生、薯类、蔬菜藤蔓等
	纤维素乙醇	玉米、小麦、水稻、高粱等
	热解气化	玉米、小麦、水稻、稻壳、棉花、油菜等
	直燃发电	玉米、小麦、水稻、稻壳、棉花、油菜等
原料化	人造板材	水稻、小麦、玉米、棉花等
	复合材料加工	大部分秸秆
	清洁制浆	小麦、水稻、棉花、玉米等
	木糖醇生产	玉米芯、棉籽壳等
基料化	秸秆基料化利用	水稻、小麦、玉米、玉米芯、豆类、棉籽壳、棉花、油菜、麻、花生、花生壳、向日葵等

（1）肥料化利用

据估算，中国农作物的化肥利用率仅为30%左右，其余近70%流入江、河、湖、海，造成严重的环境污染。农作物秸秆中含有丰富的大量元素、微量元素及有机物，将其粉碎后直接还田或经微生物发酵后还田，不仅可以减少化肥使用量，还可以改良土壤理化性质，增加土壤有机质、腐殖质含量，提高作物品质与产量，同时减轻农业污染问题，保护生态环境，大量秸秆覆盖地表也是实施保护性耕地的重要手段，如图1.4。但秸秆的自然腐烂周期较长，部分未被降解的秸秆无法为土壤提供养分，因此，需要对还田过程中加速秸秆降解的关键技术展开研究。

农作物光合作用的产物有一半以上存在于秸秆中，除含有纤维素、半纤维素、木质素、蛋白质、脂肪和灰分等有机物质外，还富含氮、磷、钾、钙、镁、硅等矿物元素，可为植物生长提供所需的营养物质。秸秆中氮、磷、钾的含量分别为0.34～9.59g/kg、0.02～3.4g/kg和6.50～38.5g/kg，平均值分别为3.38、0.61和16.3g/kg。还田是秸秆肥料化利用的主要方式，分为直接还田和间接还田。

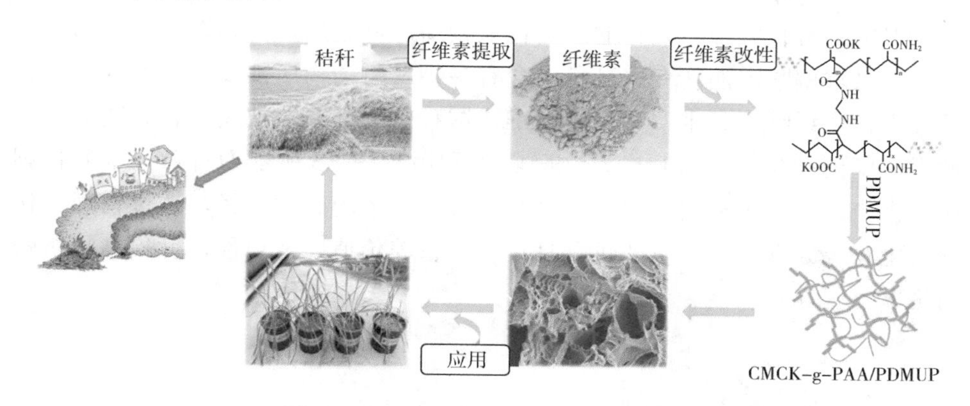

图1.4　秸秆纤维素为原料制备有机肥

① 秸秆直接还田

秸秆直接还田是将新鲜秸秆按不同方式直接施入土壤中，可以分为翻压还田、覆盖还田、高留茬还田等。其中翻压还田最为普遍，主要方式为将玉米、水稻、小麦等植株秸秆通过人工或机械方式打碎，然后翻压到土壤之中，不仅可有效优化农田生态环境，改善土壤理化性质，还可显著提高作物产量。秸秆直接还田的优点是大大减少工作量，提高还田效率，对于作物产量提高也有不错的效果。缺点是由于秸秆还田量过大或不均匀易发生土壤微生物与作物幼苗争夺养分，导致出现黄苗、死苗、减产等现象；直接还田导致土壤过松，种子与土壤不能紧密接触，影响种子发芽；直接还田的秸秆易携带虫卵、微生物等病虫害，可影响作物的生长发育。

② 秸秆间接还田

间接还田指将农作物秸秆制成堆肥、沤肥后施入土壤的一种还田方式。秸秆间接还田的前期准备时间较长，且易受环境影响较大，需要工作量大，产出量小，还田效率低，优点是成本低廉。间接还田的主要方法有：堆肥还田法、过腹还田法、焚烧还田法等。

堆肥还田对周边环境有较大污染，所以不适宜做普遍推广；过腹还田是将玉米、小麦等秸秆作为牲畜的饲料，实现畜牧增值的基础上，其牲畜的粪便又是很好的有机物料，可以施入土壤；焚烧还田为现在最为普遍的秸秆还田方式，即对田地间的秸秆进行直接焚烧，优点是可以提高一定的土壤肥力，缺点是造成资源浪费，易造成土壤板结且对环境产生较严重的污染。

（2）饲料化利用

中国是畜牧大国，饲料的年消耗量较高，近年来，作为饲料原料的粮食逐渐向供求偏紧方面转变。秸秆中含有多种反刍动物所需要的营养物质，如纤维素、半纤维素、木质素等粗纤维，这种粗纤维不能被鸡、鸭、鹅等畜禽食用，却能被牛、羊等反刍动物吸收和利用。图 1.5 所示为青贮玉米秸秆饲料的生产。秸秆饲料化利用是提高其综合利用率的有效途径，通过物理、化学及生物等处理技术可以改进秸秆饲料的营养价值、适口性，并提高牲畜的消化率。

图 1.5　青贮玉米秸秆饲料的生产

① 物理处理技术

秸秆饲料的物理处理技术简单且方便，工艺相对比较成熟。机械加工技术是使用机械设备将秸秆切割、粉碎，将秸秆搓成丝状或者条状，以增加饲料和动物消化液的接触面积，使其混合均匀，提高饲料的利用率及动物的适口性。热加工处理技术是指利用热喷或膨化技术破坏秸秆纤维素的结晶，撕断纤维素、半纤维素与木质素的紧密联系，减少木质素对纤维素分解的障碍，增加纤维素消化酶及微生物与纤维素的接触面积，提高纤维素降解率，从而增加动物的采食量。蒸汽爆破通常采用高压饱和蒸汽在 160～240℃（压力600～3400kPa）条件下处理秸秆，根据不同秸秆种类时间维持几秒到几分钟不等，之后释放压力。蒸汽爆破过程中，高温高压加剧了纤维素内部氢键的破坏和有序结构变化，原料中的半纤维素会释放出有机酸，木质素熔化并出现了部分降解，但汽爆过程的能量消耗较大，导致成本增加，是需要改进的主要问题。利用传统的机械加工方法处理秸秆的消化利用率还是较低，现在研究较多的是秸秆的热喷、膨化技术及蒸汽爆破技术。

② 化学处理技术

化学处理技术是利用酸、碱等化学试剂对秸秆进行处理，破坏其中的纤维素、半纤维素、木质素等物质，主要方法包括酸化处理和碱化处理。将秸秆浸泡在稀酸溶液中，或将酸溶液稀释后喷洒到秸秆表面，加热到140～200℃反应30～60min。稀硫酸等酸性物质处理后的秸秆，部分半纤维素被水解为单糖，破坏了木质素和半纤维素对纤维素的包覆，使纤维素暴露出来，更易被酶解和消化，从而提高秸秆的降解率。稀碱处理方法是使用最早、应用最广的秸秆处理技术，在稀碱溶液的作用下，秸秆中的半纤维素和木质素成分被脱除，使纤维素膨胀从而软化秸秆，增大了与牲畜胃液的接触面积，提高纤维素的消化率和降解率。

③ 生物处理技术

生物处理方法是利用微生物（乳酸菌、酵母菌、霉菌等）或生物酶（纤维素酶、果胶酶、漆酶等）的作用，选择性地降解秸秆中的纤维素、半纤维素和木质素等物质，将难以利用的大分子物质转化成易吸收的单糖和氨基酸等小分子物质。乳酸菌是秸秆青贮饲料的主要优势菌种，具有改善秸秆营养物质组成和提高秸秆品质的作用。生物酶处理技术是利用纤维素酶、β-葡聚糖酶、木聚糖酶、果胶酶及漆酶等水解秸秆中难以降解的纤维素、木质素等物质，达到提高糖含量的目的。纤维素酶与β-葡聚糖酶主要降解秸秆中的纤维素和细胞壁成分，提高牲畜的消化率；木聚糖酶主要降解秸秆中的半纤维素成分；果胶酶为其它酶的酶解反应提供作用底物，分解秸秆中的果胶质成分；漆酶主要降解秸秆中的木质素成分。生物处理方法条件温和且无污染物排放，能改善秸秆的适口性且不产生毒副作用，但仍存在效率较低、耗时较长的缺点。

单一方式的秸秆处理方法都存在较多弊端，在生产实践中常将两种或者两种以上的处理方式综合起来，充分发挥各自的优势，从而提高秸秆的消化利用率。

（3）燃料化利用

秸秆是由碳、氢、氧等元素组成的高分子聚合物，通过物理、化学、生物等方法进行处理，可转化为清洁燃料进行燃料化利用。秸秆是生物质能源的主要来源，也是世界上最为丰富的物质之一，含有丰富的热能，是目前世界上仅次于煤炭、石油、天然气的第四大能源，约占世界能源总消费量的14%，与12亿t石油当量。目前，秸秆燃料化利用的主要方式有气化、液化、固化和炭化等（如表1.5）。

表1.5　秸秆燃料化利用主要方式

秸秆燃料化方式	目前主要采用的技术
秸秆气化产能	固定床秸秆气化炉，流化床秸秆气化炉
秸秆液化产能	生物化学法生产燃料乙醇，热化学法生产生物油
秸秆固体产能	加热成型工艺，常温成型工艺，炭化成型工艺

① 秸秆气化产能

近年来，秸秆气化是一种发展比较迅速的生物质热化学处理技术，它可将低品位的固体生物质原料转化为高品位的洁净气体燃料。气化反应分为挥发分的析出（热解阶段）和残余焦炭的气化（生成的焦炭气化阶段）。气化技术是指秸秆原料在缺氧状态下的不完全燃烧，秸秆进行热解并发生还原反应和热化学反应，采取措施控制其反应过程，使较高分子量的有机碳氢化合物链裂解，变成分子量较低的CO、H_2、CH_4等可燃气体。秸秆气化一般会经历干燥、裂解、氧化、还原4个反应阶段，秸秆气化后会有大量燃气生成，再进行处理便可在农户家庭取暖、发电等领域使用。

② 秸秆液化产能

秸秆液化技术是一种以秸秆为原料、以水为溶剂制备生物原油和化学制品的湿性热化学转化方法。在中温高压（260～400℃，5～25MPa）、无氧或缺氧条件下，对秸秆进行快速加热，在极短的时间内迅速切断生物质大分子链，使之断裂为短链分子而获得液体产物——生物质油。生物油可直接在燃油锅炉和工业窑炉中作为燃料使用，精制提炼后可作为汽车燃料使用，弥补中国化石能源的不足，对保护环境具有重要意义。

③ 秸秆固化产能

秸秆固化即压缩成型技术，将秸秆原料经过破碎、干燥等处理后，利用秸秆所含纤维素、半纤维素与木质素在高温高压下的黏合特性，使用机械加压成型设备，在不加入任何添加剂和胶黏剂的情况下，使秸秆内部之间相互黏合，压缩成具有一定形状、密度较大的生物质成型燃料。相比其它秸秆燃料化技术，固化成型产品生产过程比较简单，在中国，该技术、设备、标准及配套服务体系等已初步建成，并形成了一定规模，完整的产业链也已经初步形成，产业化程度较高。

④ 秸秆炭化产能

秸秆炭化是将秸秆烘干、粉碎，然后在制炭设备中，经干燥、干馏、冷却等工序，将松散的秸秆制成木炭的过程。秸秆炭化的产物有固体炭、生物油和可燃气体，其中经过再加工制备的秸秆炭可直接替代木炭使用，生产出高价值的炭制品（如烧烤炭、火锅炭等）。生物油可以提炼汽油、柴油，在工业燃料方面具有广泛应用。

通过气化、液化、固化和炭化等现代能源技术将秸秆转化为洁净、优质的能源产品，是利用农作物秸秆的重要途径。目前生物质气化技术已相当成熟，并规模化应用于能源、发电等领域。秸秆液化技术尽管大多处于实验室研究阶段，但极具发展前景。固化成型燃料生产技术投资低，且技术和管理门槛也不高，非常适用于秸秆就地、分散式转化利用。目前秸秆燃料化利用亟须解决几个问题：一是扩展固型燃料的国际市场渠道，同时积极引导、开拓国内消费市场；二是研究开发成型机螺旋挤压头的加工新工艺与新材料，提高其工作使用寿命；三是拓宽秸秆炭化材料的应用领域。

（4）基料化利用

秸秆基料化，即以秸秆为主要原材料完全或部分替代木屑或土壤，为动物、植物及微生物生长提供良好条件及一定营养的有机栽培基质。目前秸秆基料化利用主要用于栽培食用菌、蔬菜及花卉等作物，是一种大量消耗秸秆资源的有效途径，该方法投资少、见效快，深受农民欢迎。

① 食用菌秸秆基料

食用菌富含较高的蛋白质、氨基酸、矿物质及维生素等，对于提高人体免疫力、抗衰老及防癌、抗癌都有较好的食疗作用。21世纪，食用菌更是成为人类的第三大食物来源，符合联合国粮农组织提出的天然、营养与健康的食品要求，深受人们的欢迎与青睐。目前，食用菌已经成为利用农业资源推进农村发展的重要致富项目。利用农作物秸秆发展食用菌，是目前深入落实科学发展观的一项重要选择，为增加农民收入提供了一条重要渠道（如图1.6）。

图 1.6　秸秆食用菌栽培基料

食用菌属于异养生物，与其它农作物生长方式不同，它利用自身分泌的纤维素酶、半纤维素酶及木质素酶降解栽培基质中的木质纤维素供其生长发育，最终形成子实体（菇、耳），栽培基质相当于绿色植物的土壤，是食用菌营养的全部来源。食用菌可作为连接点，实现循环农业，秸秆与畜禽粪便混合发酵用于栽培食用菌，收获后的基质下脚料即菌糠，其营养丰富，既可作为有机肥还田，也可加工成饲料，从而形成高效、无废物的农业绿色循环模式。

② 蔬菜秸秆育苗基质

已有研究表明，秸秆富含大量有机物质及氮、磷、钾等蔬菜生长所需的营养成分，且与土壤相比含有较少的致病微生物，可有效降低蔬菜染病率，从而减少农药使用量。壮苗是蔬菜获得优质高产的基础，目前蔬菜育苗床主要采用土壤和营养液等栽培基质，利用秸秆部分替代土壤、营养液制备蔬菜育苗床，在环保性、透气性等方面均优于传统育苗栽培基质。

将秸秆转化为蔬菜幼苗生长发育所需要的有机质、矿质元素、二氧化碳、热量等，获得高产、优质、无公害农产品，使用后全量还田可实现基质的完全降解。不仅是解决秸秆资源综合利用难题的有效技术方法，也是落实国家绿色生态农业发展的必然选择。目前，国内对秸秆作为栽培基质的研究与开发仍局限于实验室阶段，缺乏成熟的成型工艺与专用的加工设备，制约了农作物秸秆等生物质资源的综合开发与推广利用。

近几年，吉林工程技术师范学院对以玉米秸秆为育苗栽培基质进行了深入研究，包括秸秆微生物发酵的关键参数、栽培基质配比方案，以及有机生态栽培基质砌块的成型工艺与模具设计开发，并取得阶段性进展。以草炭土为原料，添加玉米秸秆、菌渣配制成复合栽培基质，研究基质不同比例对番茄育苗的影响。通过测定栽培基质的理化性质及番茄幼苗的生长发育情况筛选适宜的栽培基质配方。结果表明：草炭土、玉米秸秆、菌渣比例为5∶2∶3条件下的理化性能均符合栽培基质要求，该基质条件下的番茄幼苗出芽率为97.1%、茎高为14.8cm、茎粗为0.17cm、叶绿素含量为1.24mg/g，番茄幼苗生长状况优于其它处理，该混合基质可替代土壤用于育苗栽培。

③ 花卉秸秆栽培基质

花卉的常用栽培基质主要有草炭土、火山石、珍珠岩等，其中草炭土等传统栽培基质面临着需求量不断增大的问题，中国草炭资源多集中在东北地区，长途运输成本高，且草炭土属于不可再生资源，近年来开采量和质量都在逐年下降。制备花卉秸秆栽培基质的过程如下。

首先，将秸秆倒入粉碎筛选设备中进行粉碎处理，粒径大小不超过2cm；其次，把粉碎的秸秆进行发酵处理：将秸秆、田园土、有机肥等按照一定比例进行混合，喷洒发酵菌剂（发酵菌群多为酿酒酵母、黑曲霉、绿色木霉、不动杆菌、枯草芽孢杆菌、芽孢杆菌的混合菌种）进行堆放发酵。发酵时间40～50d，温度35～65℃；最后进行栽培基质的制备：将所述发酵产物混合均匀后形成主料，进行杀菌处理，然后向主料中添加水分、pH调节剂和营养启动剂，混合均匀后，获得花卉秸秆栽培基质。

（5）原料化利用

秸秆中含有的纤维素、半纤维素和木质素含量与木材相当，因此在某些领域可作为木材的替代物制备建筑及包装造纸材料等。秸秆含有大量碳元素，利用物理或化学方法将其制成比表面积大、富含活性官能团的功能性炭材料，广泛用于吸附材料和电池能源材料等领域。

秸秆原料化利用包括三方面内容：一是直接利用秸秆制备工业产品，包括人造板、木塑材料、建筑墙体等；二是利用秸秆制备生物质炭，并用于吸附材料、储能材料等；三是提取秸秆中的木质纤维素成分，利用其作为原料生产包装材料、造纸材料及一次性餐具等。随着科技水平的提高及秸秆产业的成熟，利用秸秆中的天然高分子为原料制备新型科技材料，如石墨烯、3D打印材料、医药化工材料、健康食品包装材料等，是秸秆工业原料化和新型材料发展的重要方向之一。

① 秸秆建筑材料

随着全球范围内木材资源的短缺，木材的工业需求在日益增长，秸秆的主要化学成分含量（纤维素、半纤维素、木质素）与木材相似，可以用来替代木材制造人造板等建筑材料。中国开展农作物秸秆的研究起步较晚，但发展较为迅速，经过不断的实验研究与生产实践，逐步形成了秸秆碎料板、纤维板、定向结构板、秸秆墙体材料等建筑材料，已经成为世界上秸秆人造板产量最大的国家。作为农业大国，中国在农作物秸秆人造板利用上有得天独厚的资源优势，但农作物秸秆种类繁多，不同秸秆的原料特性、不同秸秆板材类型的物理力学性能存在显著差异。因此，针对不同种类的秸秆需要制定相应配套的制板工艺和原料处理方法。另外，有关秸秆人造板产业发展配套政策的支持、秸秆收储运体系、降低生产成本、不同种类板材的性能及标准等方面还需要进一步研究。

② 秸秆吸附材料

随着经济的发展，工业生产排放的“三废”日益增多，土壤、水源中重金属及有机物的积累日益加剧。重金属离子不能被微生物降解，且容易通过生物链进入人体，并在人体内富集，造成肝、肾等重要器官发生病变，重金属污染及其引起的食品安全问题已经成为社会各界关注的焦点问题。

秸秆在缺氧或厌氧条件下进行热裂解，生成含有天然分子空隙与孔洞的炭材料，生物炭材料具有高比表面积、多孔隙的结构特点，有较强的离子交换性，具有较好的吸附性能。吸附机理为通过分配作用、表面吸附、孔隙截留等作用对污染物进行吸附并使其保持稳定。利用秸秆中的纤维素制备成膜或其它复合材料，也可显著提高吸附材料的回收利用率。

③ 秸秆包装造纸材料

造纸行业原料短缺一直是中国存在的主要问题，主要依靠进口纸浆，因此限制了造纸业的发展。目前，玉米秸皮已经作为纤维原料在造纸工业中得以应用，缓解了造纸资源短缺的严峻形势，特别是玉米秸秆皮穰分离机的发明在大规模玉米秸秆制浆工业中发挥了巨大作用，而玉米秸秆的另一重要组成部分——秸穰还未被涉及造纸领域中，在用量上极大限制了玉米秸秆在造纸工业中的应用价值。

除了传统的书写用途（含课本纸、报纸等）和生活用途以外，秸秆造纸还可以用于各种包装用纸（又称工业包装）。任何商品几乎都需要包装，而随着各国“禁塑令”的开展，纸包装替代塑料包装已经成为该行业的重要发展趋势。利用秸秆造纸可以有效缓解这一问题，且与造纸领域实现可持续发展的目标完全一致。

近些年来，中国各级政府相继出台了一系列关于禁止秸秆焚烧、加大政府补贴等政策和措施，有效推动了秸秆综合利用的步伐，一些高校、科研院所及企业也积极投身于秸秆产业化应用的研究与开发行动中。人们已经意识到，秸秆产业是适合“三农”发展的大产业，夯实秸秆传统利用模式基础，创新发展秸秆高值化利用技术，是系统解决森林资源砍伐、碳排放、化学农业污染等焦点问题，保障资源环境安全、食品源头安全、粮食安全和行业可持续发展的重要措施。原料化利用被市场持续看好，其中又以秸秆建筑材料、秸秆纤维生产可降解环保餐具和工业包装内衬为主要方向。

1.4 秸秆基功能材料及其研究意义

1.4.1 秸秆基功能材料

20世纪70年代人们把信息、材料和能源誉为当代文明的三大支柱。80年代以高技术群为代表的新技术革命，又把新材料、信息技术和生物技术并列为新技术革命的重要标志。这主要是因为材料与国民经济建设、国防建设和人民生活密切相关。材料除了具有重要性和普遍性以外，还具有多样性。

材料是社会技术进步的物质基础与先导，现代高技术的发展与成就更是紧密依赖材料的发展。生物质是地球上来源最丰富的有机化合物，是替代石油、木材、煤炭等最理想的原料之一。更为重要的是，生物质具有良好的生物降解性和相容性，能够与多种分子形成化学键而进行连接。生物质功能材料不仅具有木材、不锈钢、塑料等材料所具有的特性，而且具有良好的亲水性能，并与细胞等生物组织也表现出较高的亲和性。

生物功能材料主要分为两类，一是生物质功能材料，二是仿生功能材料。生物质功能材料的研究，主要集中在生物质材料的物理、化学及生物特性的开发与应用方面。秸秆以其独特的生理结构及优越的材料特性成为生物质功能材料领域研究的热点。

基于秸秆原料制备功能材料是其高值化应用的重要途径之一，不仅拓宽了秸秆资源的综合利用方式，对其关键性技术问题的进一步梳理与创新，还可为生态循环农业带来发展新机遇，对于稳定农业生态平衡、发展循环经济、建设资源节约型社会、减轻环境保护压力等均具有十分重要的价值与意义。

1.4.2 研究意义

（1）生态价值

随着国民经济迅猛的发展，环境问题日趋突显。环境污染、生态破坏、资源耗竭、能源短缺等都是当今人类面临的迫在眉睫的问题。从污染区域来看，不仅经济发达城市日益重视环境污染，在农村地区环境问题也变得备受关注。作为一种天然生物质，秸秆价格低廉、储量巨大且对环境友好，可替代木材、煤炭等原料制备附加值更高的新型功能材料。由于农作物秸秆的可降解和可再生性，这一过程可循环且不会造成环境污染。因此，秸秆的材料化利用具有维持生态平衡的积极作用，也涉及农业生态系统中的水土保持、土壤肥力、环境安全及可再生资源高效利用等可持续发展问题，对实现中国循环农业具有重要意义。

（2）社会价值

社会价值主要包括减轻对环境的污染与提高对资源的充分利用。农业为人类提供了绝大多数食物和相当部分的工业原料，其本身是最大的可再生资源产业链条。在可持续发展战略的指引下，部分工业产品向农业寻求替代资源。目前，秸秆材料化应用已逐步开展，可作为建筑装饰材料、包装材料、一次性餐具、吸附材料等的替代资源。一方面减少了森林、石油等自然资源的消耗，另一方面提高了上述工业产品的经济性、环保性和实用性。

（3）经济价值

经济价值包括农民增收与企业创收，中国每年约产生的秸秆可收集量约9亿t，其中30%被焚烧或者丢弃，按照每吨秸秆150元的价格，每年将节省约405亿元人民币。其次，秸秆综合利用可改善农民就业结构，改变农村传统落后的生产经营方式和单一的务农作业形式，加快农业结构的调整。通过进行秸秆材料的结构性能基础研究、秸秆功能材料制备关键工艺及秸秆滚压成型设备与控制技术研究，助力中国占领秸秆综合利用技术领域制高点，实现秸秆的资源化、商品化，拓宽秸秆开发利用途径，形成优势互补、多元利用的秸秆产业化格局。同时，也有利于农民生活系统的家居温暖和环境清洁，逐步成为农业和农村社会经济可持续发展的必经之路。

参考文献

[1] 王晓娥，林彦萍，杨晓东. 玉米秸秆基功能材料[J]. 东北农业科学, 2019, 44(16): 80-85.

[2] 梁卫，袁静超，张洪喜，等. 东北地区玉米秸秆还田培肥机理及相关技术研究进展[J]. 东北农业科学, 2016, 41(2): 44-49.
[3] 王红梅，屠焰，张乃锋，等. 中国农作物秸秆资源量及其“五料化”利用现状[J]. 科技导报, 2017, 35(21): 81-88.
[4] 王雨晴，韩学平. 玉米秸秆饲料化途径的研究进展[J]. 2019, 42(07): 117-120.
[5] 王雪茜，陈正华，孙军. 玉米秸秆能源化利用途径与方法[J]. 中国资源综合利用, 2014, 32(10): 35-38.
[6] 陈集双，刘亦良. 秸秆生物质的工业化利用与秸塑新材料[J]. 江苏师范大学学报(自然科学版), 2015, 33(3): 31-35.
[7] 于慧. 玉米秸秆预处理及用作食用菌栽培基质的研究[D]. 武汉：华中农业大学, 2018.
[8] 崔蜜蜜，蒋琳莉，颜廷武. 基于资源密度的作物秸秆资源化利用潜力测算与市场评估[J]. 中国农业大学学报, 2016, 21(6): 117-131.
[9] 王红彦，王飞，孙仁华，等. 国外农作物秸秆利用政策法规综述及其经验启示[J]. 农业工程学报, 2016, 32(16): 216-222.
[10] 张晓庆，王梓凡，参木友，等. 中国农作物秸秆产量及综合利用现状分析[J]. 中国农业大学学报, 2021, 29(09): 30-41.
[11] 王亚静，毕于运，高春雨. 中国秸秆资源可收集利用量及其适宜性评价[J]. 中国农业科学, 2010, 46(9): 1852-1859.
[12] 石祖梁，王飞，王久臣，等. 中国农作物秸秆资源利用特征、技术模式及发展建议[J]. 中国农业科技导报, 2019, 21(5): 8-16.
[13] 马骁轩，蔡红珍，付鹏，等. 中国农业固体废弃物秸秆的资源化处置途径分析[J]. 生态环境学报, 2016, 25(1): 168-174.
[14] 周应恒，胡凌啸，杨金阳. 秸秆焚烧治理的困境解析及破解思路:以江苏省为例[J]. 生态经济, 2016, 32(5): 175-179.
[15] 方放，李想，石祖梁，等. 黄淮海地区农作物秸秆资源分布及利用结构分析[J]. 农业工程学报, 2015, 31(2): 228-234.
[16] 刘晓永，李书田. 中国秸秆养分资源及还田的时空分布特征[J]. 农业工程学报, 2017, 33(21): 1-19.
[17] 赵秀玲，任永祥，赵鑫，等. 华北平原秸秆还田生态效应研究进展[J]. 作物杂志, 2017(1): 1-7.
[18] 常志州，陈新华，杨四军，等. 稻麦秸秆直接还田技术发展现状及展望[J]. 江苏农业学报, 2014, 30(4): 909-914.
[19] 陈超玲，杨阳，谢光辉. 中国秸秆资源管理政策发展研究[J]. 中国农业大学学报, 2016, 21(8): 1-11.
[20] 石祖梁，王飞，李想，等. 秸秆“五料化”中基料化的概念和定义探讨[J]. 中国土壤与肥料, 2016(6): 152-155.
[21] 丛宏斌，姚宗路，赵立欣，等. 基于价值工程原理的乡村秸秆清洁供暖技术经济评价[J]. 农业工程学报, 2019, 35(9): 200-205.
[22] 宋湛谦. 构建秸秆高效利用体系实现秸秆利用全产业链[J]. 科技导报, 2015, 33(4): 1.
[23] 丛宏斌，赵立欣，姚宗路，等. 中国生物质炭化技术装备研究现状与发展建议[J]. 中国农业大学学报,

2015, 20(2): 21-26.
[24] 陈雪芳, 郭海军, 熊莲, 等. 秸秆高值化综合利用研究现状[J]. 新能源进展, 2018, 6(5): 422-431.
[25] W. Wang, S. Yang, A. Zhang, Z. Synthesis of a slow-release fertilizer composite derived from waste straw that improves water retention and agricultural yield. Science of the Total Environment[J]. SCIENCE OF THE TOTAL ENVIRONMENT, 2021, 768: 144978.
[26] 石祖梁, 李想, 王久臣, 等. 中国秸秆资源空间分布特征及利用模式[J]. 中国人口资源与环境, 2018, 28(S1): 202-205.
[27] 王发明. 国外小麦秸秆综合利用一瞥[J]. 农业机械, 2015, 20: 2.
[28] 靳贞来, 靳宇恒. 国外秸秆利用经验借鉴与中国发展路径选择[J]. 2015, 5: 129-132.
[29] 覃诚, 毕于运, 高春雨, 等. 美英加农作物秸秆计划焚烧法规及其经验启示[J]. 世界农业, 2018, 11: 65-70.
[30] 丛宏斌, 姚宗路, 赵立欣, 等. 中国农作物秸秆资源分布及其产业体系与利用路径[J]. 农业工程学报, 2019, 35(22): 132-140.
[31] 姜宝兴, 陈玲梅. 国外秸秆利用借鉴与中国秸秆利用探索[J]. 绿色科技, 2019, 24: 182-184.

第2章 秸秆预处理方法

农作物秸秆主要由纤维素、半纤维素和木质素组成，其中纤维素被半纤维素和木质素层层包裹。纤维素具有较高的结晶度，由1000～10000个 β-D-吡喃型葡萄糖单体以 β-1, 4-糖苷键连接而成，强度较高，是秸秆纤维中的细胞骨架物质。木质素是以苯丙烷及其衍生物为基本单位构成的高分子芳香族化合物，将纤维素彼此连接在一起，能够保持纤维中的水分，对水解纤维素起到屏障作用，保护秸秆纤维免遭化学试剂及微生物降解，并且因其具有较高的强度可以克服重力及风力对农作物秸秆的破坏作用。半纤维素主要由木糖及少量阿拉伯糖、半乳糖、甘露糖组成，填充在纤维素和木质素之间，是两者的界面相容剂。

农作物秸秆的细胞壁为复杂的分层结构，由外向内的第一层为初生壁，其包围着次生壁，其中最厚的次生壁中层决定了纤维的力学性能，其中含有大量纤维素分子长链构成的微纤丝并沿细胞轴螺旋排列。微纤丝直径在10～30nm，其强度决定了植物纤维的力学性能。通过光学显微镜观察农作物秸秆的横切面，可看到三种组成：表皮组织、基本薄壁组织和维管束组织。表皮组织是植物（尤其是禾本科植物）茎秆的最外一层细胞，由表皮层、表皮细胞和硅质细胞组成。其中，硅质细胞中充满了二氧化硅（SiO_2）成分，使秸秆表面呈现光滑特性，使其润湿性降低，进而可影响复合材料的界面相容性。

阻碍秸秆复合材料发展的一个主要问题为吸湿性，构成纤维素的基本单元物质 D-葡萄糖苷中含有三个羟基（—OH），这些—OH 在分子内部形成分子内氢键结合并与其它纤维素间形成分子间氢键，因此几乎所有的植物纤维都具有吸水性，导致由秸秆制备的复合材料都具有较高的吸湿特性。当第一批木塑复合材料出现在市场上时，人们认为其不具有吸湿性，因为纤维物质完全被塑料包裹住。事实上，将木塑复合材料置于湿度较大的环境中，含有塑料的表面只是延缓了吸湿时间、降低了吸湿速率，木塑复合材料表面具有较高的含水率，且含水率在材料横截面方向呈不均匀分布。复合材料含水率较高时，不仅为微生物提供必要的生长条件，易致材料发霉腐朽，而且水分易于加速材料老化，从而降低材料的耐用性。

综上所述，由纤维素、半纤维素及木质素等高分子物质交织的秸秆结构致密且复杂，秸秆表面的蜡质成分，半纤维素和木质素的空间障碍作用，以及纤维素的高结晶度和聚合作用，这些都是制约秸秆功能材料制备的重要因素。预处理是指秸秆木质纤维素在其材料化利用之前的技术方法，目的是破坏木质纤维素特殊的稳定结构，将木质素这一防御层打碎，使内部纤维素和半纤维素暴露面积增大，增加化学试剂和微生物的接触面积，从而提高秸秆的利用效率。预处理可以破坏秸秆的表层蜡质、木质素-半纤维素的共价结合及纤维素的结晶结构，使纤维素、半纤维素和木质素三者相互分离（如图2.1），降低纤维素的聚合度，提高秸秆复合功能材料的使用性能。预处理的主要方法包括物理法、化学法、生物法及组合法。由表2.1可看出：物理法预处理具有节能、无污染等特点，尤其是机械粉碎可以破坏纤维素和木质素之间的紧密结构，是后续反应的必要步骤，但在进行工业化生产时物理预处理方法具有耗能多、成本高的缺点。化学预处理方法的效率最高，但是操作过程中存在酸碱中和及化学试剂回收等问题，对环境造成一定危害，同时对设备的要求也比较高。生物预处理方法条件温和、无污染、专一性强，但是作用周期长、效率低，不适用于工业生产。

表2.1 秸秆预处理方法

分类	具体方法	优点	缺点	目的
物理法	机械粉碎法	容易实施，颗粒体积小、没有膨润性，平均聚合度和纤维素结晶度降低，原料的水溶性组分增加，可提高基质浓度	能耗大、运行成本高	破坏纤维素和木质素之间的紧密结构
	热液法	水热处理对设备腐蚀小、操作简单，同时剩余的水解液可用于发酵制乙醇，绿色环保，在生物质纤维素乙醇化技术方面得到广泛应用	反应复杂，副反应较多	使木质素和半纤维素部分溶解并发生水解反应，增大纤维素与反应试剂的接触面积，从而提高反应效率
	蒸汽爆破法	节能、无污染、酶解效率高、应用范围广、半纤维素、纤维素、木质素可分阶段分离（水溶、碱溶和碱不溶组分）	蒸汽爆破操作涉及高压装备，投资成本较高	实现纤维素、木质素、半纤维素的分段分离
	超声波法	反应速度快、处理时间短、操作简单、产率高、价格低廉及环境友好	设备投资费用高，目前还处在实验室研究阶段	降低纤维素聚合度，提高纤维素的水解速度和转化率
	微波法	具有加热均匀迅速、穿透力强、高效清洁	设备投资费用高，目前还处在实验室研究阶段	使木质纤维素长链多糖发生断裂

续表

分类	具体方法	优点	缺点	目的
化学法	酸法	半纤维素水解得到的糖量大、催化成本低	水解速度慢，存在酸回收等问题，设备腐蚀严重，副产物对后续反应有影响	降低纤维素的结晶度，获得更大的酶解率
	碱法	纤维质材料膨胀、内部表面积增大、聚合度降低、结晶度下降、木质素和碳水化合物之间的键断裂	碱耗量大，存在试剂的回收、中和、洗涤等问题，污染较大，不太适合大规模生产	去除木质素
	氧化法	高效脱木质素，不产生有毒的阻碍生物过程的化合物，反应在室温、常压下进行	需要的臭氧量较大，生产成本高	去除木质素
生物法	微生物法	条件温和、能耗低、专一性强，无污染，成本低	目前存在木质素降解微生物种类少，酶活力低，作用周期长	增加纤维素的结晶度、去除木质素，提高酶解效率

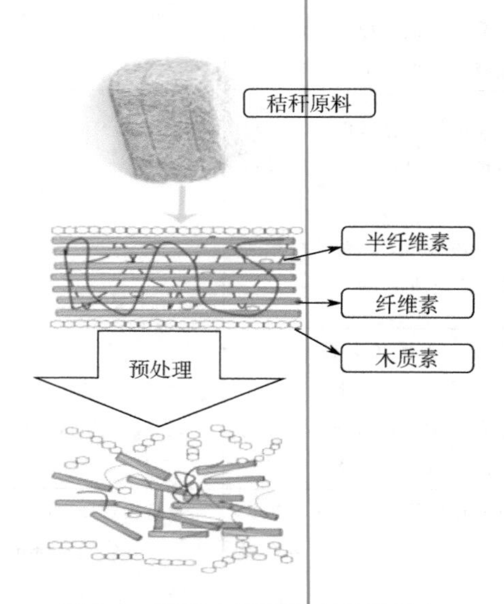

图 2.1　秸秆木质纤维素的预处理

2.1 物理法

2.1.1 机械粉碎法

机械粉碎和研磨是利用粉碎机或研磨机将秸秆粉碎到所需颗粒尺寸大小，其目的是减小颗粒尺寸和结晶度，且不改变产品成分。减小粒径可增加比表面积和降低聚合度，研磨也会起到剪切秸秆的作用。大多数情况下，增加比表面积、降低聚合度和剪切作用可使木质纤维素总水解产率增加5%～25%（取决于秸秆种类、粉碎类型和粉碎时间），可将消化时间减少23%～59%，从而提高水解效率。粒径减小到40目以下时，对秸秆的水解速率和产率几乎没有影响。秸秆的干燥程度会影响粉碎过程中的能量消耗，因此，在粉碎之前需进行干燥处理。粉碎时间是影响颗粒尺寸大小的一个重要因素，但并非时间越长颗粒尺寸越小，粉碎时间过长，颗粒之间可能会发生团聚现象，从而增加能量的消耗。

秸秆粉碎是其材料化利用过程中不可或缺的关键环节，大部分秸秆在开发利用前都需要进行机械粉碎预处理。中国在秸秆粉碎技术方面的研究已有几十年历史，粉碎方式多种多样，粉碎设备根据秸秆种类不同也各有优劣。根据粉碎方式不同，秸秆粉碎设备分为旋切式、锤片式、揉切式和组合式（如图2.2），主要用在制备秸秆饲料和固体成型燃料等环节，秸秆材料化机械粉碎的专用设备较少。目前，国产的秸秆粉碎设备在能耗、成本、工作稳定性、操作适宜性、使用寿命等方面还不能完全达到用户对秸秆的粉碎要求。因此，继续开展秸秆粉碎技术及粉碎设备的研发，对促进秸秆材料化利用及农业可持续发展十分迫切而必要。

（1）旋切式

旋切式秸秆粉碎机主要由旋切、喂料和过载保护装置组成，结构简单，旋切转子刀刃锋利，可旋切各种直径大小不同、长短不一、水分高低不受限制的秸秆和树枝，破捆率高，抛送距离可远达10米，能够确保操作者的人身安全。自动抓料喂入粉碎机工作时，物料通过与本机相配的喂料机构由顶部喂入，经进料导向板导向从左边或右边进入粉碎室，在高速旋锤片打击和筛板摩擦作用下，物料逐渐被粉碎，并在离心力作用下，穿过筛孔从底座

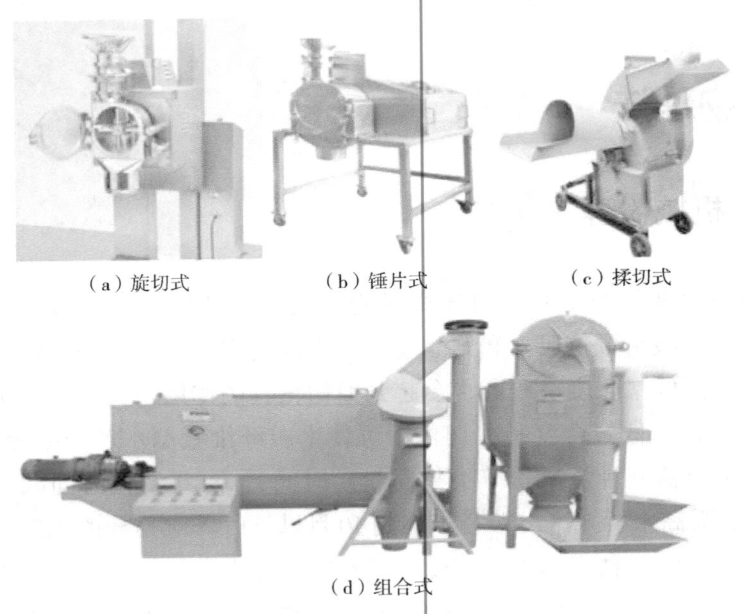

（a）旋切式　（b）锤片式　（c）揉切式

（d）组合式

图2.2　秸秆粉碎设备

出料口排出。适用于麦秆、花生秧、地瓜秧、棉秆、玉米秸秆、牧草、海藻等各种秸秆与树枝。也可将成捆、成扎的物料直接进入旋切机进行粉碎，机器由刀片旋转来切碎物料，产量高，段状，鲜物料、干物料都可直接切碎，由旋切式秸秆粉碎机粉碎后的物料主要作饲料使用。

（2）锤片式

锤片式粉碎机是由装有锤片安装固定在主轴上的转子、转子外围安装的齿板或筛片组成。电机与转子一般采用直联传动，粉碎机采用上进料，物料进入锤片和筛片的间隙中，在悬空状态下被一定线速运转的锤片强烈打击，成为若干碎粒。物料在锤片运动圆形轨迹的切线方向撞击在筛片或齿板上，部分碎粒穿过筛孔，排出机外为合格物料，不合格的物料再回弹，再受锤片打击，如此反复达到粉碎目的。同时，物料在粉碎过程中以阶梯式的轨迹环行运动，称为环流。

可通过三方面提高锤片式粉碎机的生产效率：a.尽量缩小粉碎机锤片与齿板或筛片的间隙。粉碎机锤片与齿板或筛片的间隙越小锤片撞击物料的频率越高，环流速度越慢，从而可提高粉碎效率；b.采取辅助措施可有效提高粉碎机的工作效率，在粉碎工艺增设抽风系统，使物料更容易穿过筛孔，提高粉碎机的筛理效率，减少破碎环节的压力；c.微粉碎与超微粉碎。微粉碎与超微粉碎要求粉碎机的运转线速更高，但粉碎机的线速越高噪音越大，安全系数越小，设计受到一定限制。微粉碎需要配筛片孔径1mm以下，甚至0.5mm以下。目前的微粉碎及在完成细微粉碎时的效率较低，且电能消耗较大。

（3）揉切式

秸秆揉切机主要由切碎器、动刀、挡块、定刀组、刮料板、排出口等部分组成。动刀数量最多14把，其中短刀2把；定刀6组，每组7把。秸秆揉切机的工作原理为采用动刀与定刀组的多刀剪切，使动刀在两片有一定间隙的定刀组中间穿过，既利用了刀刃对物料的剪切，物料又可在动刀和定刀之间的间隙中进行揉搓，并由高速旋转的转子抛向工作室内壁，随后由转子拖动着再进行揉搓，既降低能耗，又保证了物料的加工质量。

（4）组合式

组合式秸秆粉碎机是指将当前秸秆机械加工的各种功能组合在一起，该设备由秸秆切碎、粉碎、传送等多个部件组成。另外，在进料口处安装自动进料装置，实现秸秆自动进料，不仅节省了人力，还能够确保进料量稳定与固定切碎长度，使秸秆加工产量在一定程度上有所提高，且加工质量优良。复合式秸秆粉碎机具有适应性广、生产效率高的特点，既可以揉切加工青、干玉米秸、麦秸、稻草及多种青绿饲料，同时对于韧性强、湿度大等如芦苇、荆条等难加工物料的适应性也非常强。

复合式秸秆粉碎机运转时，秸秆类物料经由进料口进入机体，通过在转子上端安装的高速旋转的动刀配合定刀板形成剪切作用被切成碎段，碎段物料输送至粉碎室进行进一步粉碎。复合式秸秆粉碎机中，秸秆类物料在高速回转的动刀片锯切作用下，使其被不断切碎。此外，如果动刀片呈螺旋状排列，对物料具有轴向推动和较强的搅动作用，将物料从进口经螺旋运动轨迹不断被切碎后从排料口排出，完成物料的粉碎加工过程。

2.1.2 热液法

热液法（Hydrothermal）是在高压热水中，水可以渗透到秸秆内部，水解少部分纤维素，并将半纤维素移除，消除对纤维素酶的空间阻碍作用，进而提高酶解效率。该方法无需添加化学试剂，因而受到很多研究者青睐。热液处理对设备腐蚀小、操作简单，同时剩余的水解液可用于发酵生产乙醇，绿色环保，在生物质纤维素乙醇化技术方面得到广泛应用。

秸秆表面存在大量—OH，为极性表面，聚乙烯（Polyethylene）等塑料为非极性表面，当制备秸秆木塑材料时，由于秸秆和塑料表面的界面相容性差，导致木塑材料性能受到很大影响。通过热液处理法可改善秸秆与塑料间的界面结合力和相容性，有效解决其吸水变形问题，需要注意的是要选择合适的处理温度，否则，会导致木塑材料强度降低，应用范围受限。

水稻秸秆经热液处理后可改善其纤维结构，进一步以乙酸乙烯酯为酯化剂、*N*, *N*-二甲基甲酰胺为溶剂、无水碳酸钾为催化剂进行酯交换改性，制备的吸附材料亲油疏水性得到明显改善。其优化改性条件为：反应温度为90℃，催化剂浓度为1.5g/mL，酯化剂体积分数为20%，反应时间为6h。改性后水稻秸秆吸附材料吸油倍率为9.71g/g，吸水倍率为0.51g/g。对改性前后的材料进行X射线衍射（XRD）和傅里叶转换红外线光谱（FTIR）表征，发现热液处理可以显著改善材料的孔结构，扩大其孔径尺寸；酯交换改性材料的结晶度降低和乙酰基特征峰的出现，说明水稻秸秆确实发生了酯交换反应。

以玉米秸秆为原料，采用热液法制备生物炭，并利用扫描电子显微镜（SEM）和Fourier变换红外光谱法（FT-IR）对生物炭的表面形貌和官能团进行表征，研究不同pH值、离子强度、初始浓度及制备温度对生物炭吸附水中阿特拉津的影响。结果表明：随着温度的升高，生物炭产生炭微球结构和丰富的含氧官能团；生物炭对阿特拉津的吸附动力学符合准二级动力学方程（$R^2 \geqslant 0.970$，$P \leqslant 0.001$），吸附热力学符合Langmuir方程（$R^2 \geqslant 0.992$，$P \leqslant 0.001$），为非线性吸附且自发进行的吸热反应；生物炭对水中阿特拉津最大吸附量为8.862mg/g，最大去除率为69.74%；生物炭对阿特拉津的吸附量随制备温度的升高而增加，吸附量随溶液pH值和离子强度的增加而下降。因此，利用水液法制备的秸秆生物炭可有效吸附水中的阿特拉津等有机污染物，具有较好的应用前景。

2.1.3 蒸汽爆破法

蒸汽爆破技术（Steam explosion technology）简称“汽爆”，是一种绿色环保、高效、低能耗、经济的新型热加工技术。处理方法主要是利用高温高压蒸汽，通过瞬间释放的压力过程，实现原料的组分离散与结构变化。由于其具有处理时间短、化学试剂用量少、无污染、能耗低等优点，被认为是农作物秸秆预处理的主要方法之一。

在秸秆功能材料化研究领域，对木质纤维素理化特性的研究有利于其资源化开发利用。玉米秸秆蒸汽爆破后的理化特性发生显著变化，其中热解区域比对照具有更宽的温度范围，反应活化能降低16.25%，最大热分解速率显著提高；木质纤维素特征官能团所对应的特征峰吸收强度差异显著；细胞壁的层次结构破碎化，纤维素结晶度降低14.57%。在此基础上构建了汽爆机理模型，表明汽爆技术对木质纤维素类材料理化特性的改变有显著促进作用。汽爆处理后秸秆表面灰分及硅元素质量分数明显减少，秸秆纤维与水溶性胶黏剂之间的胶合性能得到明显改善。

秸秆汽爆后使木质素在提取液中占固含量70.52%，与未经汽爆相比提高了95.40%，原因为在汽爆过程中大分子结构被破坏，酚羟基含量增加，有利于木质素的解聚并易于溶出。基于汽爆技术秸秆木质素的提取率与纯度均显著提高，采用羟甲基化改性50%替代酚醛树脂制备木质素胶黏剂，具有较低的游离甲醛和苯酚含量，其胶合强度为1.16 MPa，满足Ⅰ类板强度要求。利用汽爆秸秆木质素制备酚醛泡沫材料，木质素基酚醛泡沫材料具有均匀的封闭泡孔结构，木质素的加入引起泡沫密度和压缩强度的增加。随着木质素分子量的降低，泡沫材料的密度降低，压缩强度提高，整体性能显著提升。

2.1.4 超声波法

超声波法（Ultrasonic）主要依靠空化效应产生高温高压降解有机物，空化效应产生的热量使水分子解离产生自由基，同时依靠机械剪切力来减小秸秆颗粒尺寸。超声波可以破坏纤维素物质的结晶结构，分解木质素分子，使纤维素的可及性和化学反应性显著提高，对纤维素的微观结构影响较小。同时，超声波处理也可以分解半纤维素，使纤维比表面积降低，对后续的酶水解产生负面影响。目前，这一领域的研究相对较少，但是仍有一些研究报告提到秸秆的超声波预处理可以有效提高纤维素的糖化作用。通过比较秸秆木质纤维素在超声波预处理前后的差异，发现单独使用超声波法对秸秆进行预处理，由于能量较低，无法改变原料颗粒的表面形态，使用碱法辅助超声波处理会破坏木质纤维素分子间的氢键，降低其结晶度，使木质素降解和酶糖化率得到有效提高，如图2.3所示。

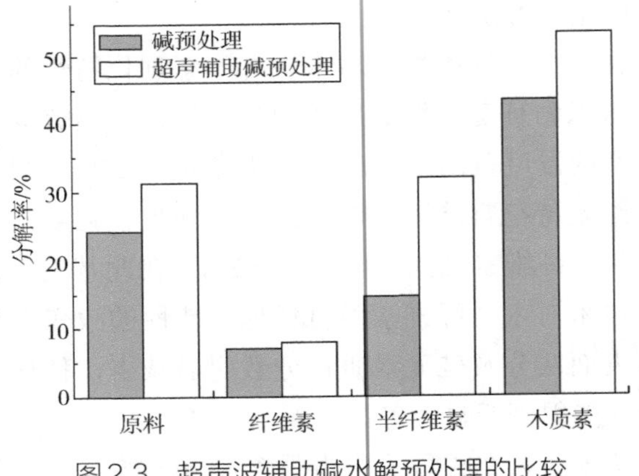

图2.3　超声波辅助碱水解预处理的比较

利用超声波方法对玉米秸秆进行改性制备吸附材料，吸附材料用量为0.8g/50mL、溶液初始浓度为20mg/g、pH值为2.0、温度为45℃、吸附时间为2.5h时，玉米秸秆吸附材料对Cr（Ⅵ）的吸附率可以达到98%以上。此外，通过吸附动力学和热力学实验研究表明，超声波改性的玉米秸秆对Cr（Ⅵ）的吸附机理更符合准二级动力学模型和Langmuir模型，且吸附过程是自发吸热进行的，该研究结果可为吸附重金属废水提供参考。

2.1.5　微波法

微波法（Microwave）是利用300MHz～300GHz电磁波，其作用于物料的极性分子，交替变化的电场引起分子震动，造成分子间的摩擦和碰撞作用，从而产生热量。具有加热均匀迅速、穿透力强、高效清洁等优点，该技术已逐渐应用于高分子聚合反应中。通过微波辅助加热对生物质进行预处理已经成为研究热点，因为它满足了有机合成、聚合物和绿色化学等方面的多重要求。微波法可以有效避免过度使用化学溶剂和溶液，防止有害烟雾产生，并最大限度地减少工业废水的排放。微波法通过偶极极化、离子传导和界面极化机制加速传热，从而有效减少能量损失。该技术产生的热区通过碰撞增加原料中离子动能，进而导致偶极分子快速旋转，达到破坏生物质长链多糖的目的。

采用微波法对秸秆原料进行预处理，可降解木质素和半纤维素，使纤维素更有效地暴露于纤维素降解酶中，改变秸秆纤维原料超分子结构，使纤维素结晶区的尺寸和结构发生变化，提高纤维素酶的水解效率，与传统的水热法相比，微波法更加温和，在木质纤维素的预处理中发挥着重要的作用。

将秸秆晾干、清洗，切成10～20cm片段。在105℃条件下，烘干至完全，通过粉碎机将干燥后的秸秆进行粉碎。过0.18mm（80目）筛，取筛下部分，再过0.15mm（100目）筛，取未筛过的部分，得到粒径为0.15～0.18mm的秸秆粉末。将其与14.7mol/L的浓磷酸H_3PO_4进行混合，振荡后的混合物在105℃条件下进行预炭化。将预炭化后的固体物质置于微波炉中，在700 W的微波功率条件下进行活化，然后用0.1mol/L的稀盐酸HCl和去离子水清洗3次，至pH大于6.0。清洗后样品在105℃下烘干至恒重，即得到秸秆生物质炭。静态吸附实验表明：经微波处理后的生物质炭对亚甲基蓝的最大吸附量为84.89mg/g，在吸附机理研究中，发现膜扩散控制吸附速率，吸附过程符合Langmuir等温吸附式和准二级动力学方程，为单分子层吸附和快速吸附。

2.2 化学法

2.2.1 酸法

在常温条件下用酸对秸秆进行预处理，可以改变秸秆内部纤维素与木质素及半纤维素之间的连接，进一步去除半纤维素和木质素，目的是提高纤维素含量并使秸秆的内部微观结构发生改变。预处理可采用稀酸或强酸，发生反应的主要为半纤维素，可溶性半纤维素（低聚物）在酸性条件中发生水解反应，产生单体、糠醛、5-羟甲基糠醛（HMF）和其它挥发性产物。在酸预处理过程中，溶解的木质素会在酸性环境中迅速凝结并沉淀。与稀酸相比，强酸预处理过程中半纤维素的溶解和木质素的沉淀更为明显。

稀酸预处理获得秸秆纤维素时可采用微波辅助处理，不仅可提高纤维素的保留率还能提高其纯度。微波辅助甲酸（MAFA）联合处理，用于从秸秆制浆纤维中提取高纯度的纤维素，由于甲酸的作用，大多数半纤维素和木质素可被同时去除。反应在常压和温和条件下（≤100℃）进行，木质素收率、纤维素含量、结晶度指数和微晶均匀性都显著提高，经过打浆预处理和

MAFA处理后，半纤维素的去除率可达到75.5%，纤维素的纯度高达93.2%。稀酸法中使用0.5%～1%的H_2SO_4处理研究较多，处理过程一般采用短期高温处理（1800℃），或较低温度（1200℃）长时间处理。然而，在稀酸水解过程中，半纤维素在较低的温度下可以发生解聚，如果温度升高或反应时间增加，反应生成的单糖会被进一步水解生成其它复合物。稀酸的高温处理通常会产生一些糠醛、酮和酚类等降解产物，抑制后续发酵过程中微生物的生长。

因此，在稀酸水解过程中最重要的是提高水解效率，避免单糖的水解，并减少抑制因子的生成。秸秆的稀酸水解通常是在相对温和的条件下进行，在100℃下，用10%的H_2SO_4处理240min，可达到较高糖产量。浓酸处理可在室温条件下进行，也可获得较高糖产量，但在浓缩处理过程中会产生抑制因子，影响后续反应，加上样品中较高浓度的酸及设备腐蚀等问题，限制了其在实际生产中的应用。

2.2.2 碱法

使用碱液处理秸秆，可打破酯键和醚键，使部分果胶、木质素和半纤维素等发生溶解反应，且不改变主体纤维素的化学结构。在强碱作用下，纤维表面的部分杂质被清除，使其表面变得粗糙，从而提高秸秆纤维的热稳定性，增强秸秆纤维与聚合物界面之间的黏结性能。此外，碱处理使秸秆中的纤维束分裂成更小的纤维，降低秸秆直径，增加长径比，增加秸秆纤维与聚合物的有效接触面积。碱预处理的另一个重要方面是将纤维素结构改变为比天然纤维素更致密、热力学性能更稳定的形式。

用于处理秸秆的碱包括氢氧化钠（NaOH）、氢氧化钙（$Ca(OH)_2$）、氢氧化钾（KOH）和氨水（$NH_3 \cdot H_2O$）等，其中氢氧化钠是所有碱处理试剂中研究最多的。碱处理一般是利用较低的温度和压力，包括湿法和干法2种。传统的湿法是指使用1.5%的NaOH溶液将秸秆在室温下浸泡10～12h，多余的碱液用水冲掉，该方法可有效提高秸秆的有机物消化率，但会造成水资源的浪费与环境污染。干法处理是用1.5%的NaOH溶液直接喷洒在秸秆上，然后进行堆肥处理，发酵温度达到100℃时，秸秆中60%～70%的木质素被溶解。NaOH能够引起秸秆膨胀，使秸秆的木质素结构受到破坏，从而增加纤维素的表面积。在20℃条件下，用1.5%的NaOH处理秸秆144h，木质素和半纤维素的降解率最高，分别达到60%和80%。研究发现NaOH处理能够有效去除秸秆纤维表面的部分非极性物质，提高纤维表面的粗糙度，显著增强秸秆板材的力学性能。但NaOH在实际生产中使用的成本相对较高，且对环境有一定的安全隐患。

一般采用复合方法对秸秆进行预处理，使用1% KOH + 1% $NH_3 \cdot H_2O$复合试剂预处理稻草48h，对预处理过程中化学组分的变化进行分析比对，并利用傅立叶变换红外光谱（FT-IR）、X-射线衍射（XRD）等测试技术，对复合预处理过程中稻草木质纤维素形态结构变化进行测定。发现复合预处理方法中，木质纤维素的脱除率比单试剂预处理提高了7.2%～34.8%。复合预处理能够明显促使木质素中部分官能团、纤维素的氢键和糖苷键及木质素与纤维素、半纤维之间的连接键断裂，使包裹在木质素中的纤维素更好地释放出来被溶胀降解，并破坏其晶体结构，提高其材料化利用性能。

$Ca(OH)_2$也是广泛使用的一种碱处理试剂，能够去除秸秆中的木质素，降低纤维素的结晶度，通过去除秸秆中的木质素提高纤维素的可接近度和酶的作用效果。在85～150℃的温度下处理3～13h，能够显著提高秸秆的处理效果。$Ca(OH)_2$预处理和其它碱类相比成本较低，安全性较高，而且容易通过和空气中的CO_2反应而得到回收。但实际生产研究结果表明，随着时间的增加，经$Ca(OH)_2$预处理的秸秆容易受到青霉等杂菌的污染。

2.2.3 氧化法

氧化处理法（Ozonolysis）通常指利用氧气（O_2）、臭氧（O_3）、过氧化氢（H_2O_2）等强氧化剂将秸秆中的木质素与半纤维素氧化分解，同时溶出纤维素。

O_3作为一种强有力的氧化剂，是目前常用的氧化剂种类，O_3对具有共轭双键和高电子密度官能团的化合物具有较高的反应性，因此它能够氧化木质素中的C═C键，且不产生后续发酵抑制物。臭氧处理的优点是既可以有效去除木质素与半纤维素，又不产生抑制下一步反应的有毒物质，而且还可在常温常压下进行。但在处理过程中，臭氧消耗量较大，造成生产成本升高。

利用臭氧对小麦和黑麦秸秆进行预处理，可增加原料的酶水解度，进而提高可发酵糖的得率。通过对秸秆进行臭氧预处理，测定在室温条件下固定床反应器的运行参数，如水分、粒度、臭氧浓度、生物量和空气臭氧流量的影响。研究发现，秸秆原料中的酸不溶性木质素含量在减少，半纤维素大部分发生降解，而纤维素的含量基本不变。经臭氧处理后的小麦和黑麦酶水解糖化率相比未处理样品显著提高，表明臭氧预处理效果显著。

许多情况下，氧化剂在反应过程中没有特异选择性，因此会发生纤维素的损失。木质素被氧化并形成可溶的芳香族化合物，因此可能会抑制下一个反应的发生。在室温条件下使用21%过氧乙酸预处理，纤维素的酶水解从6.8%（未处理时）增加到约98%（预处理后），在使用氢氧化钠和过氧乙酸的混合物时显示出类似的消化率结果。利用H_2O_2处理秸秆时，pH值对木质素降解效率影响较大，pH值为11.5时，木质素降解率达到最大值，pH值低于10.0时，未发生实质性脱木质素，pH值为12.5或更高时，H_2O_2对酶消化率没有显著影响。H_2O_2的最适宜浓度为1%，H_2O_2与秸秆之间的最适重量比为0.25，可实现良好的脱木质素效果。同时，实验表明秸秆类型与原料中的水分含量对臭氧预处理后原料的酶水解影响较大。氧化处理可将秸秆原料中的木质素和大部分半纤维素除去，提高纤维素的水解产率，但氧化处理过程中对氧化剂的消耗量较大，因而成本较高。

2.3 生物法

2.3.1 真菌处理法

真菌处理方法主要以白腐菌（White rot fungus）为主，作用机理为白腐真菌菌丝可以直接入侵秸秆木质纤维素的细胞腔内，在生长过程中通过产生漆酶（Laccase，Lac）、木质素过氧化物酶（Lignin Peroxidase，LiP）、锰过氧化物酶（Manganese peroxidase，Mnp）等木质素降解胞外酶，与自由基及其它小分子物质共同作用降解木质素，进而将秸秆降解为白色海绵状团块，并能够在菌丝生长的早期选择性降解木质素，然后在子实期开始降解多糖。

利用变色栓菌（*Trametes versicolor*）固体发酵玉米秸秆，处理10～20d后，将秸秆样品在模具中铺装成型，采用三段热压法压制成品，将其切割成样品进行力学性能测试，工艺流程图见2.4。结果显示：真菌发酵后的玉米秸秆中具有胶黏作用的糖类含量提高；糖类含量、漆酶酶活与纤维板材的弯曲弹性模量之间存在正相关性；增加了影响秸秆力学强度的纤维素结晶度，改变了玉米秸秆木质纤维素结构，破坏了秸秆表面构造。制备的纤维板材弯曲弹性模量达到436.09MPa，弯曲强度达到3.01MPa，相比未进行预处理的对照分别提高了21%和19%。

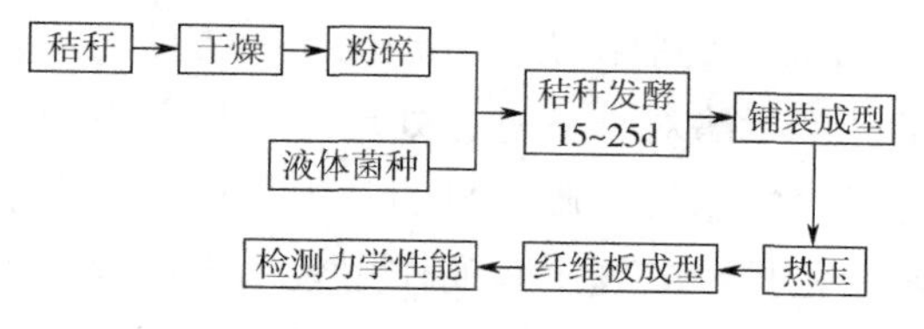

图2.4 白腐菌发酵秸秆制备纤维板流程图

利用黄孢原毛平革菌（*Phanerochaete chrysosporium*）处理小麦秸秆和水稻秸秆，与未处理样品对照相比，沼气和生物甲烷的产量显著增加。将里氏木霉（*Trichoderma reesei*）和云芝（*Coriolus versicolor*）应用于水稻秸秆的预处理，处理后的秸秆中木质素和二氧化硅含量显著降低，这些物质含量的减少有助于提高沼气产量。利用黄孢原毛平革菌对玉米秸秆青贮料的固态发酵进行研究，秸秆中纤维素、半纤维素和木质素的降解率分别达到19.9%、32.4%和22.6%。利用虫拟蜡菌（*Ceriporiopsis subvermispora*）对玉米秸秆进行生物预处理，与未处理对照相比，该工艺的糖分产量提高了2～3倍。虫拟蜡菌在纤维素损失最小的情况下实现了小麦秸秆的有效脱木质素，并在预处理10周后产生高达44%的糖产率。真菌预处理和木质纤维素生物量酶解成糖的示意图如图2.5所示。

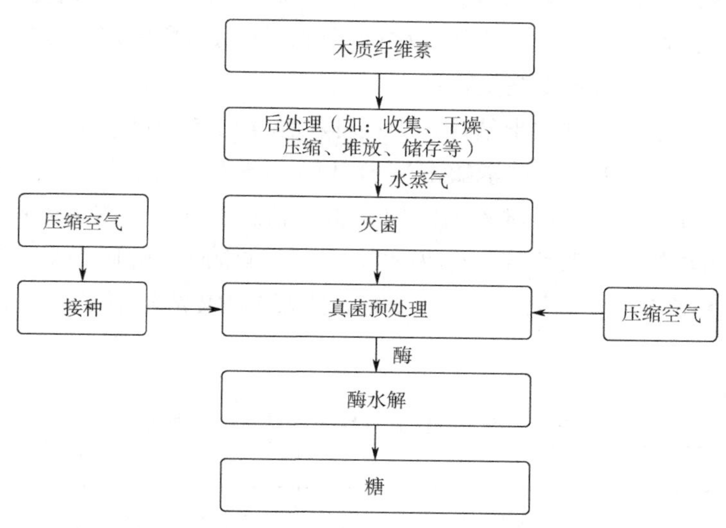

图2.5 真菌预处理产生水解糖的工艺流程图

2.3.2 生物酶法

生物酶法（Enzyme）是生物质预处理的主要方法之一，酶处理技术主要利用纤维素酶和半纤维素酶对秸秆进行处理，将秸秆中的部分纤维素和半纤维素水解并转化为可溶性糖等物质，目的是用于减少纤维素聚合、水解半纤维素和去除木质素。秸秆预处理中酶的作用效率主要取决于酶的类型、秸秆特征（粒径尺寸、水分等）等。其它参数包括：酶浓度、反应时间、反应速度、辅助因子、木质素浓度等也对酶活效率产生影响。

（1）纤维素酶

纤维素酶（Cellulase）是由多种水解酶组成的一个复杂酶系，在分解纤维素时起生物催化作用，将纤维素分解成寡糖或单糖，是分解β-1, 4-糖苷键的关键酶之一。根据其结构特征，可将其分为三种主要的糖基水解酶：包括在非晶区葡聚糖链的β-1, 4-糖苷键处随机切割生成纤维低聚糖的短链的内切酶（endo-β-1, 4-glucanase），从纤维素中释放纤维二糖的外切酶（cellobiohydrolases）及切割纤维二糖的糖苷键并释放葡萄糖单体的β-D-葡萄糖苷葡聚糖水解酶或β-葡萄糖苷酶。内切酶水解纤维素的糖苷键，产生长链低聚物，外切酶或纤维二糖水解酶将长链低聚物切割成短链低聚物。三种水解酶相互配合，混合后对纤维素进行水解将会提高纤维素转化效率。通过使用β-糖苷酶从短链低聚物水解获得的C_6葡萄糖，用a位点选择性突变代替随机突变可以提高酶的效率，为了增强酶活性，可以将酶中选定区域的缺失作为突变引入，以改变定点突变特性。

采用纤维素酶处理玉米秸秆，当秸秆粒径为0.55～0.83mm，纤维素酶溶液加入量为0.9mL/L，纤维素酶溶液pH值为4.5±0.1，酶解温度为55℃，酶解时间为80min时，经纤维素酶酶解后玉米秸秆对活性蓝X-BR溶液的吸附脱色效果明显提高，最大脱色率为83.4%。纤维素酶酶解后玉米秸秆颗粒比表面积增大了37.2%，见表2.2，这是活性蓝X-BR溶液脱色率提高的主要原因。

表2.2 纤维素酶酶解前后玉米秸秆的比表面积

样品	比表面积/（m^2/g）
纤维素酶酶解前玉米秸秆	5.78
纤维素酶酶解后玉米秸秆	7.93

（2）半纤维素酶

半纤维素酶（Hemicellulase）是一类水解植物细胞膜多糖类物质（纤维素和果胶物质除外）的酶类。在秸秆的半纤维素中，木糖分子以 *β*-1,4-糖苷键相互连接形成木聚糖骨架且通常被多个侧链取代，阿拉伯糖则以 *α*-L-1,2、1,3 糖苷键与木聚糖骨架相连，乙酰基团以酯键形式连接在木糖糖环的 O2 或 O3 位置，（4-O-甲基）葡萄糖醛酸侧链通过 *α*-糖苷键连接在木糖糖环的 O2 位置上，阿拉伯糖侧链还可与阿魏酸形成酯键，进而与木质素相连。主链与侧链的相互连接形成秸秆的半纤维素结构，即高度异质、难以降解的多分支木聚糖聚合物，图 2.6 为半纤维素结构及其降解酶类示意图。

半纤维素的完全水解是由一系列具有不同特性和功能的酶主导的，木聚糖酶是由一组酶构成，如内切木聚糖酶、外切木聚糖酶和 *β*-1, 4-木糖苷酶，它们协同作用分解和水解半纤维素中的木聚糖。内切木聚糖酶分解木聚糖的 *β*-1, 4-糖苷键，外切木聚糖酶通过水解非还原端木聚糖的 *β*-1, 4-糖苷键释放低聚木糖，然后，*β*-1, 4-木糖糖苷酶在低聚木糖的非还原端起作用，释放木糖。

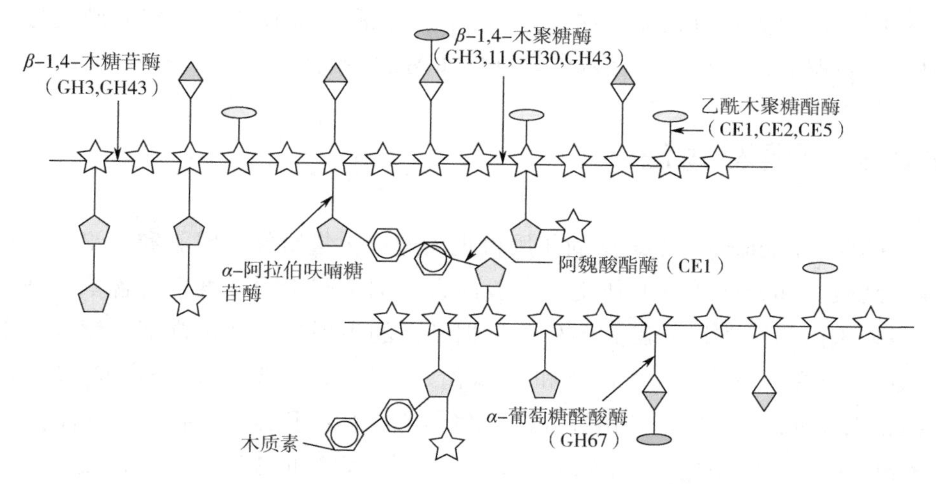

图2.6　半纤维素结构及其降解酶类示意图

（3）木质素降解酶

木质素降解酶（Ligninase）主要包括木质素过氧化物酶（LiP）、锰过氧化物酶（MnP）和漆酶（Lac），与木质素降解辅助酶系协同降解木质素。其它已知的木质素降解酶包括芳醇氧化酶、芳醇脱氢酶、乙二醛氧化酶和醌还原酶。这些酶在分子氧作为电子受体存在时发挥作用，过氧化物酶在过氧化氢存在时可以有效降解非酚木质素单元。

在过氧化氢存在下，LiP通过以下步骤将木质素裂解：

$$\mathrm{LiP[Fe(III)]} + H_2O_2 \longrightarrow \mathrm{LiP\text{-}I\,[Fe(IV)}=O^{\cdot+}] + H_2O \quad \text{(i)}$$

$$\mathrm{LiP\text{-}I} + \mathrm{VA} \longrightarrow \mathrm{LiP\text{-}II\,[Fe(IV)}=O] + \mathrm{VA}^{\cdot+} \quad \text{(ii)}$$

$$\mathrm{LiP\text{-}II} + \mathrm{VA} \longrightarrow \mathrm{LiP} + \mathrm{VA}^{\cdot+} \quad \text{(iii)}$$

注：VA为藜芦醇。

锰过氧化物酶（Mn（II）：过氧化氢氧化还原酶）在VA产生期间会使白腐真菌的LiP浓度下降。据推测，在高浓度过氧化氢存在时，MnP有助于保护LiP失活。MnP将Mn（II）氧化为Mn（III）。MnP和有机基质通过以下反应发生氧化（iv-vii）：

$$\mathrm{MnP} + H_2O_2 \longrightarrow \mathrm{MnP\text{-}I} + H_2O \quad \text{(iv)}$$

$$\mathrm{MnP\text{-}I} + \mathrm{Mn(II)} \longrightarrow \mathrm{MnP\text{-}II} + \mathrm{Mn(III)} \quad \text{(v)}$$

$$\mathrm{MnP\text{-}II} + \mathrm{Mn(II)} \longrightarrow \mathrm{MnP} + \mathrm{Mn(III)} + H_2O \quad \text{(vi)}$$

$$\mathrm{Mn(III)} + \mathrm{RH} \longrightarrow \mathrm{Mn(II)} + \mathrm{R}^{\cdot} + H^+ \quad \text{(vii)}$$

漆酶是一类含有铜蓝蛋白、抗坏血酸氧化酶、亚铁氧化酶和亚硝酸盐还原酶的多铜酶，其氧化催化木质素过程如图2.7所示。

2.3.3 细菌处理法

细菌（Bacteria）处理法的作用机理为通过大量富集、膨胀和分泌纤维素酶达到破坏和分解秸秆的作用。一般而言，细菌产生的纤维素酶含量较低，且多为胞内酶，难以分泌到胞外。根据细菌的生理学特性，常把降解纤维素的细菌分为好氧型、厌氧型和好氧滑动菌。好氧型的如纤维单胞菌属（*Cellulomonas*），以胞外酶形式分泌纤维素酶；厌氧型的如芽孢杆菌属（*Bacillus*）、热酸菌属（*Acidothermus*），把纤维素酶的3种形式结合成纤维小体，细菌黏合在纤维素表面，通过纤维小体接触触点，由外而内对纤维素进行降解。细菌不仅能够将木质纤维素进行降解，还能利用其菌体小的特点快速进入木质纤维素内对其进行改性，将高聚合度的大分子物质转化为小分子量的纤维片段。

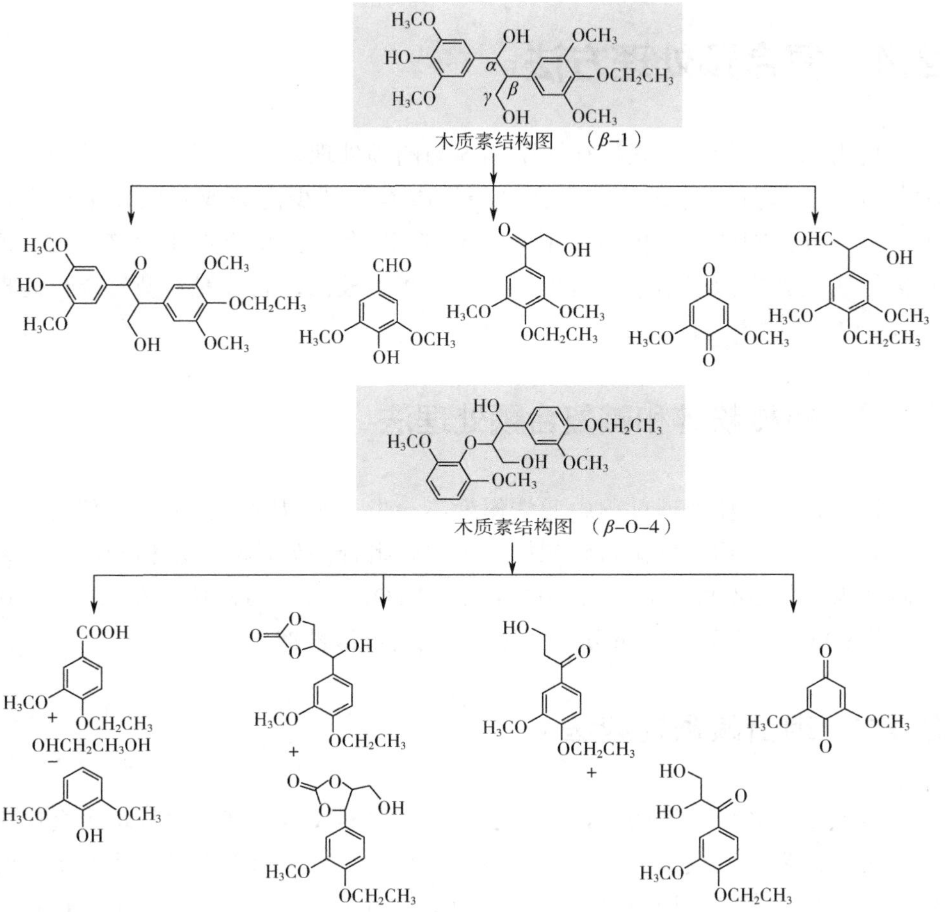

木质素结构图 （β-1）

木质素结构图 （β-O-4）

图2.7 漆酶氧化催化木质素

现如今，一些极端环境的古生菌被发现具有较强的降解纤维素的能力，如高温厌氧梭状杆菌（*Clostridium thermocellum*），生长在50～70℃高温环境中，以胞外酶形式产出纤维素酶，酶的降解能力较强。近年来，关于细菌能够降解木质素的研究也有报道，与白腐菌相比，细菌生长周期短且具有基因可操作性，因此木质素高效降解细菌在木质素降解中展现出巨大潜力。

相比较物理法和化学法，生物预处理技术具有条件温和、低能耗且无环境污染的优越性。但生物预处理方式仍然存在一定缺点，例如预处理时间长，对温度、pH等条件需求严格，研究者正在对此类问题进行深入研究。

2.4 复合预处理方法

使用一种预处理方式往往达不到理想的预处理效果，研究者经常通过两种及以上的预处理方式进行组合来降低成本、减少污染或者使效果更为显著。复合预处理法通常指物理-化学、化学-化学、生物-物理化学等方法。近年来，研究者也探索出了一些操作简单、成本较低、高效的新型复合预处理方式。

2.4.1 机械粉碎和碱复合预处理法

机械粉碎在预处理过程中通常作为第一步，所得颗粒大小会对预处理最后的效果产生影响。机械粉碎颗粒大小与碱组合预处理对玉米秸秆水解效果影响较大，将200目的颗粒与0.02g/mL的NaOH以1∶23的比例在110℃条件下水解90min，得到了质量分数高达12.1%的可溶性糖。

2.4.2 组合碱预处理法

碱预处理效果比较明显，且方法简易，但其成本较高，对环境也会产生一定污染。为降低成本并保留其效果，一些研究者使用组合碱方式对木质纤维素进行预处理。使用质量比NaOH∶$Ca(OH)_2$=2∶1的组合碱对玉米秸秆中木质纤维组分特性的影响进行研究，组合碱破坏木质素结构并降低木质素含量和纤维素结晶度，有利于增加纤维素酶的可及性，从而提高纤维素水解效率。

2.4.3 酸碱组合预处理法

浓酸预处理对设备危害很大，而稀酸预处理难以达到理想效果。于是探究酸碱组合预处理方法，以此来降低设备危害、增强预处理效果。采用磷酸和碱性过氧化氢两步法预处理玉米秸秆，发现可以去除玉米秸秆中93.25%的半纤维素、95.18%的木质素，并得到89.02%的纤维素（质量分数为90.19%）。

2.4.4 微波和酸/碱组合预处理法

微波通常作为辅助处理方法，与其它化学预处理方式相结合，达到更佳的预处理效果。在微波功率为300 W条件下，预处理玉米秸秆6min，然后使用4%的硫酸在固液比为1∶30的条件下从玉米秸秆中提取出产率高达62.25%的可溶性还原糖。研究发现：微波辅助NaOH预处理相比于微波辅助H_2SO_4预处理的得糖率低，但其酶解得糖率较高。

2.4.5 蒸汽爆破和稀酸组合预处理法

蒸汽爆破预处理和稀酸预处理玉米秸秆均可以破坏秸秆内部结构，但单独使用时效果较差。将玉米秸秆浸泡在1%的稀酸溶液中12h，在1.8MPa压力下维持8min，发现每100g的原料中葡萄糖的得率最大达26.9g，滤液中总糖得率可达34.5g。使用稀酸、蒸汽爆破、稀酸磨浆和稀酸蒸汽爆破四种方法对玉米秸秆进行预处理，对酶水解性能和可发酵性得糖率进行比较，发现稀酸蒸汽爆破的方式所产生的碳水化合物最有利于酶解及发酵。

2.4.6 有机溶剂和碱组合预处理法

有机溶剂预处理会存在成本较高的问题，使其与碱预处理组合会降低其成本。使用甲醇和NaOH对玉米秸秆进行预处理，葡聚糖和木聚糖得率达到97.5%和83.5%。在固液比为1∶20条件下采用批次补料方法对玉米秸秆进行酶水解，发现97.2%葡聚糖和80.3%木聚糖的单糖可转化。相较于单独碱预处理和有机溶剂预处理，该方法更为简便，且能耗较少，污染也较少。

2.4.7 蒸汽爆破与液氨组合预处理法

为进一步优化汽爆预处理对温度和压力的要求，开发了氨纤维爆炸（Ammonia fiber expansion，AFEX）预处理技术。AFEX技术将木质纤维素和液氨混合，在100℃处理30～60min后迅速释放压力。由于液氨具有可重复使用、反应温度低、能耗低及无抑制物产生等优点，该方法得到广泛关注。

液氨可使高度致密的秸秆木质纤维素转变为光滑结构，此外，AFEX还能在一定程度上影响纤维素结晶度，有效地从材料中脱除木质素和半纤维素。

预处理技术作为木质纤维转化为高值原材料的关键步骤，也成为研究开发的焦点。传统的物理处理、化学处理等技术比较成熟，但不同程度地存在耗能多、污染重等缺点；蒸汽爆破法则具有处理时间短、化学药品用量少、污染轻、能耗低等优点，是很有发展前途的预处理新技术；生物处理技术从成本和设备角度考虑，占有独特优势，但处理效率较低，利用基因工程和传统生物技术对菌种和酶进行改造，提高酶活力，降低酶成本，也有望应用于大规模工业生产。

目前，由于物理法和化学法各自具有优缺点，研究者常将两个或多个方法进行组合，弥补每种预处理方法的不足，简化操作过程，降低成本，减少对设备的损害及环境污染。预处理方法创新应坚持低成本、高效率、低污染、可大规模运用的原则。同时，可重点发掘成本较低、毒性小且能循环使用、污染小的新型溶剂用于秸秆预处理，从而提高其利用率。

参考文献

[1] 刘黎阳，郝学密，刘晨光，等. 瞬间弹射蒸汽爆破联用化学法预处理玉米秸秆的组分和酶解分析[J]. 化工学报, 2014, 65(11): 4557-4563.

[2] 于晏，何春霞，刘军军，等. 不同表面处理麦秸秆对木塑复合材料性能的影响[J]. 农业工程学报, 2012, 28(9): 171-177.

[3] 周兴平，解孝林, Li R. K. Y. PP/PMMA接枝剑麻纤维复合材料(Ⅱ)剑麻纤维MMA接枝聚合反应[J]. 高分子材料科学与工程, 2004, 20(2): 57-60.

[4] 朱超飞. 玉米秸秆的化学改性、表征及吸油性能的研究[D]. 广州：华南理工大学, 2012.

[5] R. C. Sun, J. Tomkinson. Characterization of hemicelluloses obtained by classical and ultrasonically assisted extractions from wheat straw [J]. Carbohydr. Polym, 2002, 50: 263-271.

[6] L. Cao, IKM. Yu, DW. Cho, et al. Microwave-assisted low-temperature hydrothermal treatment of red seaweed (Gracilaria lemaneiformis) for production of levulinic acid and algae hydrochar [J]. Bioresour Technol. 2019, 273: 251-8.

[7] 崔美，黄仁亮，苏荣欣，等. 木质纤维素新型预处理与顽抗特性[J]. 化工学报, 2012, 63(3): 677-687.

[8] 李常广. 玉米秸秆综合利用技术推广研究[J]. 农业科技与装备, 2012, 9: 78-79.

[9] S-H. Ho, C. Zhang, W-H. Chen, et al. Characterization of biomass waste torrefaction under conventional and microwave heating [J]. Bioresour Technol, 2018, 264: 7-16.

[10] 潘晴，孙丕智，徐文彪，等. 玉米秸秆制备低聚木糖的研究进展[J]. 林产工业, 2020. 57(0): 8-12+22.

[11] Y. Sewsynker-Sukai, EB. Gueguim Kana. Microwave-assisted alkalic salt pretreatment of corn cob wastes:

process optimization for improved sugar recovery [J]. Ind Crop Prod, 2018, 125: 284-92.
[12] 王芳，张扬，于志明，等. 吸声保温玉米秸秆穰板制备及性能研究[J]. 林产工业, 2019, 46(05): 27-31.
[13] 王健，吴义强，李贤军，等. 稻/麦秸秆资源化利用研究现状[J]. 林产工业, 2020, 58(01): 1-5.
[14] 刘振，谢梅竹，赵绘婷，等. 木质素液相催化解聚研究现状[J]. 林产工业, 2020, 57(10): 1-7.
[15] J. -C. Plaquevent, J. Levillain, F. Guillen, et al. Ionic liquids: new targets and media for α-amino acid and peptide chemistry [J]. Chem. Rev, 2008, 108: 5035-5060.
[16] 程佳慧，徐文彪，时君友，等. 生物乙醇木质素-PAE改性大豆蛋白胶黏剂合成工艺研究[J]. 林产工业, 2021, 58(02): 7-11+20.
[17] 白雪卫. 玉米秸秆粉料致密成型工艺参数优化与模拟分析[D]. 沈阳：沈阳农业大学, 2014.
[18] 蔡哼，陈正明，高立洪，等. 国内外生物质固体燃料成型设备开发进展[J]. 农业工程, 2012, 2(6): 25-27.
[19] 曹冬辉. 生物质致密成型压力及数学模型的研究[D]. 郑州：河南农业大学, 2008.
[20] 陈艳，王之盛，张晓明，等. 常用粗饲料营养成分和饲用价值分析[J]. 草业学报, 2015, (5): 117-125.
[21] F. Xu, J. Sun, N. M. Konda, et al. Transforming biomass conversion with ionic liquids: process intensification and the development of a high-gravity, one-pot process for the production of cellulosic ethanol [J]. Energ. Environ. Sci, 2016, 9: 1042-1049.
[22] 邓辉，李春，李飞，等. 棉花秸秆糖化碱预处理条件优化[J]. 农业工程学报, 2009, 25(1): 208-212.
[23] Payne, C. M. , Knott, B. C. , Mayes, H. B. , et al. Fungal cellulases[J]. Chem. Rev, 2015, 115 (3): 1308-1448.
[24] 杜健民，李旭英，白雪卫，等. 压缩过程影响草捆形态稳定性的流变学试验研究[J]. 农业工程学报, 2006, 22(2): 103-106.
[25] 段建. 立式环模秸秆压块机设计理论及试验研究[D]. 镇江：江苏大学, 2014.
[26] 范继春. 基于Adams的马铃薯应力松弛仿真模型建立及验证[J]. 中国农机化学报, 2014, 35(6): 199-201.
[27] 冯磊，李润东，李延吉. NaOH固态预处理对秸秆厌氧消化的影响[J]. 深圳大学学报(理工版), 2010, 27(3): 367-373.
[28] 付敏，韩立志，梁栋，等. 模辊式生物质压块成型模孔受力分析及参数影响研究[J]. 可再生能源, 2016, 34(4): 500-607.
[29] 顾赛红，孙建义，李卫芬，等. 黑曲霉PES固体发酵对棉籽粕营养价值的影响[J]. 中国粮油学报, 2003, 18(1): 70-73.
[30] 郭红伟. 高效玉米秸秆生物饲料的研制及其在育肥猪生产中的应用研究[D]. 郑州：河南农业大学, 2013.
[31] 郭佩玉，李道娥，韩鲁佳，等. 几种秸秆处理方法的比较研究[J]. 农业工程学报, 1995, (02): 149-155.
[32] Ge, X. , Matsumoto, T. , Keith, L. , Li, Y. Fungal pretreatment of albizia chips for enhanced biogas production by solid-state anaerobic digestion [J]. Energy Fuels, 2015, 29 (1): 200-204.
[33] 何晓峰，雷廷宙，李在峰，等. 生物质颗粒燃料冷成型技术试验研究[J]. 太阳能学报, 2006, 27(9): 937-941.
[34] 何勋，代战胜，张艳玲，等. 玉米秸秆皮颗粒燃料耐久性能试验与工艺优化[J]. 中国农机化学报, 2016, 37(6): 121-126.

[35] 侯振东，田潇瑜，徐杨. 秸秆固化成型工艺对成型块品质的影响[J]. 农业机械学报, 2010, 41(5): 36-89.
[36] 霍丽丽，田宜水，孟海波，等. 模辊式生物质颗粒燃料成型机性能试验[J]. 农业机械学报，2010, (9): 200-206.
[37] 贾晶霞，梁宝忠，王艳红，等. 不同汽爆预处理对干玉米秸秆青贮效果的影响[J]. 农业工程学报，2013, (20): 192-198.
[38] 姜松，冯峰，赵杰文. 胡萝卜的蠕变特性及流变模型研究[J]. 江苏农业科学, 2005, (5): 133-135.
[39] 焦有宙，高赞，李刚，等. 不同土著菌及其复合菌对玉米秸秆降解的影响[J]. 农业工程学报，2015, (23): 201-207.
[40] Waghmare, P. R. , Khandare, R. V. , Jeon, B. -H. , Govindwar, S. P. Enzymatic hydrolysis of biologically pretreated sorghum husk for bioethanol production [J]. Biofuel Res. J, 2018, 5 (3): 846-853.
[41] 寇巍，赵勇，徐鑫，等. 膨化技术用于玉米秸秆厌氧干发酵的试验研究[J]. 可再生能源，2010, 28(3): 63-66.
[42] 雷军乐，王德福，张全超，等. 完整稻秆卷压过程应力松弛试验[J]. 农业工程学报, 2015, (8): 76-83.
[43] 李荣斌，董绪燕，魏芳，等. 微波预处理超声辅助酶解大豆秸秆条件优化[J]. 中国农学通报，2009, 25(19): 314-318.
[44] 李刚，马孝琴，张百良，等. 小型燃煤锅炉改造为生物质成型燃料锅炉的研究[J]. 河南农业大学学报, 2002, 36(3): 266-268.
[45] 李浩，沈卫强，班婷. 中国秸秆利用技术及秸秆粉碎设备的研究进展[J]. 中国农机化学报，2018, 39(1): 17-21.
[46] 喻晨，张丽，赵志艳，等. 新型棉秸秆揉丝粉碎机的结构设计及优化[J]. 中国农机化学报，2016, 37(7): 93-96.
[47] 杨涛，孙付春，黄尔宇，等. 秸秆粉碎技术及设备的研究[J]. 四川农业与农机, 2017, (3): 39-41.
[48] 李汝莘，耿爱军，赵何，等. 碎玉米秸秆卷压过程的流变行为试验[J]. 农业工程学报，2012, 28(18): 30-35.
[49] 林立，张卉，刘以凡. 半纤维素资源化利用研究[J]. 华东纸业, 2014, 47(2): 22-24.
[50] 罗立娜，丁清华，公维佳，等. 尿素氨化预处理改善稻秸干法厌氧发酵特性[J]. 农业工程学报，2015, (19): 234-239.

第3章

秸秆基建筑材料与应用

随着中国经济水平的发展及城市化进程的加快，建筑行业在市场竞争中的地位不断上升。传统建筑材料多以木材为主，对建筑材料生产的不断增加，导致对木材的需求量也在持续加大，木材供应出现紧张。中国森林资源十分匮乏，是世界人均森林资源量最少的国家之一，为保护自然生态环境、造福子孙后代，中国启动了天然林保护工程，许多地区实行了禁伐政策。因此，迫切需要研发和生产一种能够替代（或部分替代）以木材为原料的建筑材料。大量试验研究已经证明，秸秆成分和含量均与木材相当，主要为纤维素、半纤维素和木质素，在某些领域可作为木材原料的替代品。农作物秸秆来源广泛，只要有农业耕作，就会有秸秆产生，对推进农村资源的循环利用、经济的可持续发展具有积极的促进作用。

秸秆建筑材料指以农作物秸秆为主要基材，按照一定比例，添加各种辅助用料和强化材料，通过物理方法、化学反应及二者相结合的方式，制备具有一定结构特征或特殊功能的建筑材料。这些材料被科学的设计并制造出来，具有轻量化、柔韧度好、机械强度高等特点，同时具有保温隔音、防火耐潮、抗压抗冲击、环保无毒、空间占用率低等优点，可以替代（或部分替代）目前使用的常规建筑材料，达到降低建筑物重量、增加使用面积、减少建筑工程造价的目的。秸秆作为建筑材料具有来源广泛、环境友好、能耗较低的优点。相对于传统的建材原料，以玉米、水稻、小麦秸秆等农业废弃物为主要原料的新型建筑材料在生产和使用过程中产生较少的“废气、废水、废渣”，废物利用的同时极大保护了生态环境。使用秸秆建筑材料可以大幅度降低建筑造价，在减少对木材、钢材等资源过度开发、使用的同时，仍可获得良好的性能及较强的实用性，为中国农村地区每年产生的大量秸秆废弃物的合理开发利用提供了有效方法与途径，同时，因秸秆随意焚烧引发的生态环境问题得到很好的改善与解决。因此，秸秆建筑材料行业的发展既可以高效利用秸秆资源，降低产业能耗，又可以促进绿色低碳经济的进步。

秸秆建筑材料种类繁多，可应用的领域非常广泛，主要有秸秆人造板材、秸秆木塑材料、秸秆复合墙体、秸秆砌块砖等。秸秆建材可用于家庭及办公家具、生态门、天花板、室内墙体等；也可用于室外具有较高保温性能需求的轻钢房、各种被动式建筑的高强保温外墙和屋顶等。

3.1 秸秆人造板材

秸秆人造板材是指将秸秆与其它辅料按一定比例混合，添加一定量的化学或生物胶黏剂，通过粉碎、混料、预压、热压及分割、表面处理等物理、化学过程，获得的人工板材制品。据估算每生产1m^{3}秸秆人造板材可使用约1.2t秸秆原料，实现CO_2减排3.949t，由此可见，一条年产10万m^{3}秸秆人造板的生产工厂每年可消耗农作物秸秆12万t。以农作物秸秆生产人造板材，在合理有效解决农作物秸秆废弃物处理问题的同时，还可促进农民就业，增加农民收入，保护农村生态环境。除此之外，作为木材原料替代品，还可极大保护中国宝贵的森林资源，有效保障了中国木制品在某些必需行业的供应需求，市场前景十分广阔。

与国外相比，中国开展秸秆人造板材的研究起步较晚，但发展迅速，经过科学的试验研究与生产实践，形成了秸秆碎料板、秸秆纤维板、秸秆刨花板、秸秆墙体材料、秸秆包装板、秸秆木塑复合材料等板材类型，中国已经成为世界上秸秆人造板产量最大的国家。秸秆人造板材的研究早在“十五”期间就被科技部列入国家“863”计划和“973”重大基础研究计划予以重点支持。中国林业科学研究院木材工业研究所、南京林业大学等科研单位以水稻、小麦秸秆为原料，异氰酸酯（甲醛含量为零）为胶黏剂，生产、制造人造板材的技术工艺已经达到先进水平，各方面指标均已达到木质板材的国家标准，且环保性能非常优异。目前，中国在河北、湖北、江苏、黑龙江等地建成了年产1.5万m^3、5万m^{3}的秸秆板材生产线10余条，初步形成了农作物秸秆人造板材的产业链条。秸秆人造板材是一种性能稳定、隔热保温、隔音防潮的绿色生态新型环保板材，而且具有非常光滑的表面，其生产成本比传统板材低，在强度、尺寸稳定性、机械加工性能、螺钉和钉子握固能力、防水性能、贴面性能和密度等方面都胜过木质板。在室内家具、室内装饰、地板和建筑墙体等领域被广泛应用（如图3.1、图3.2所示）。

3.1.1 秸秆人造板材生产工艺

秸秆人造板材与木材人造板材的工艺路线和流程（包括工艺过程、关键设备装置及主要工艺参数等）基本相似甚至相同。目前，中国与发达国家的

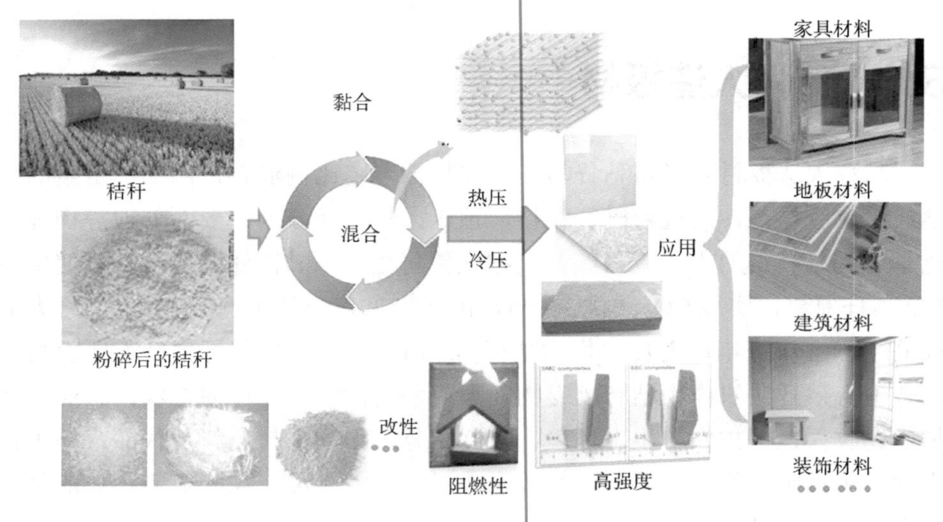

图3.1　秸秆人造板制造、性能与应用

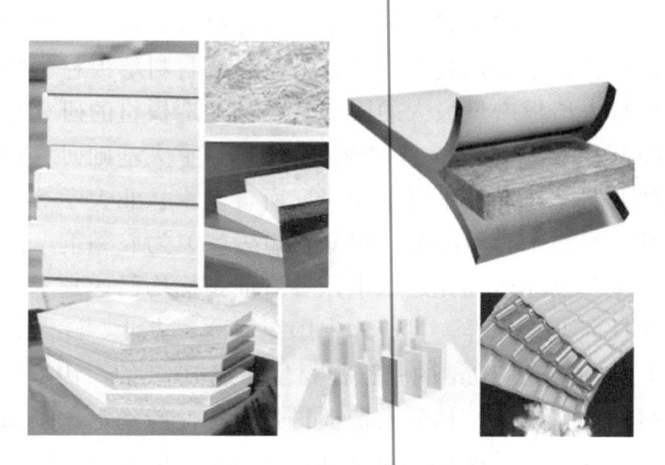

图3.2　秸秆复合板材

秸秆人造板生产线在规模大小上有所不同，技术先进程度上有所差异，而生产所使用的关键技术与主要设备基本一致。一般的生产工艺流程包括秸秆原料的收集粉碎、干燥、筛分、施胶、板坯的铺装、预压、热压成型和后期加工处理等工艺。整个秸秆人造板生产线的设计必须是规范化和标准化的，经历了从无到有、从小到大、从弱到强的发展历程。中国秸秆人造板材国产化的代表性技术是年产5万m^3单层或多层周期式热压生产线成套技术。

（1）秸秆原料预处理

从原料处理效果和工艺条件上看，机械粉碎处理技术相对简单，主要依靠高强度的外力使表层蜡质层脱落，增大秸秆表面粗糙度，有利于胶黏剂与原料之间的胶黏作用，但秸秆外部形态和内部纤维强度遭受较大破坏；热液处理法能够有效去除秸秆表面的蜡质层，但能耗相对较高，并能引起秸秆中半纤维素、木质素等主要成分的降解，造成秸秆内部组织结构破坏并导致其自身力学性能变差；酸碱处理方法对秸秆的改性效果比较明显，多应用于工业化生产，但剩余废液的处理则会增加生产成本；生物处理法经济环保，但工艺流程复杂、处理时间较长且效果不易控制；利用超声波或微波技术处理秸秆，具有速度快、能量高、环保等优点，但其对工艺技术条件要求比较苛刻，不利于工业化生产。

目前，制备秸秆人造板的预处理多采用物理与化学相结合的方法，利用热水、HCl及NaOH对玉米秸秆进行预处理，并通过热压法制备轻质秸秆人造板。结果表明：热水、HCl及NaOH复合预处理后的玉米秸秆表皮破裂脱落，表层形貌由平滑变得粗糙，同时秸秆表面Si元素质量分数明显减少，相比对照减少了40.2%，润湿性效果改善最为显著。复合预处理会减弱玉米秸秆纤维结构强度，使秸秆纤维结构强度对人造板力学性能的影响大于界面胶合强度。处理后秸秆人造板力学性能改善最明显，内结合强度（Internal Bond strength，IB）值提高了700.0%，静曲强度（Modulus of Rupture，MOR）提高了112.5%，弹性模量（Modulus of Elasticity，MOE）提高了87.5%。

（2）秸秆人造板成型工艺

制备秸秆人造板的核心环节是成型工艺。通过调控温度、压力和时间三个加工条件，在压机的作用下，板坯中的胶黏剂固化并与原料交织成为坚固的板材。目前，连续平压法、辊压法和多层压机平压法为主要的热压成型方式，其中最先进的技术是连续平压法，主要被几家德国人造板材机械供应商掌握，其优点是产品厚度均匀、误差较小，一般在±0.1mm，成品板材无需抛光，成品截边带来的损耗较少，对胶黏剂的黏度要求不高；缺点是机器设备体积大，需要较大的空间，而且成本较高。相比之下，辊压法的经济成本较低，机械力学性能和防水性能也很好，但对于生产中厚度板材（>10mm）是无法进行的。对于制备8～32mm厚度范围的秸秆人造板材，多层压机平压法是最佳选择，其主要不足之处是由于进出板系统的影响，对板坯、初黏性和施胶量的要求较高，板材的厚度误差、抛光量均较大。秸秆人造板主要分厚板和薄板两种，因此连续平压法和多层压机平压法成为主要制备秸秆人造板的方法。

对于普通的秸秆人造板材，一般通过热压工艺并且添加有机胶黏剂进行制备，有人通过使用低成本的热压工艺，辅以添加异氰酸酯和脲醛树脂混合胶黏剂来制备稻草碎料人造板-木材复合板材，工艺条件为：热压温度160℃，水稻秸秆用胶量6%，木材纤维用胶量11%，热压时间30s/mm，密度≥$0.85g/cm^3$，配比≤30%，在此条件下，板材的各项性能指标完全达到国家标准（GB/T 11718—2021）的要求，同时该板材的游离态甲醛含量完全符合国家标准要求。研究人员通过设计四因素（热压时间、温度、成板密度和胶黏剂添加比）、三水平的正交试验研究玉米秸秆刨花板的各项物理力学性能。考察人造板材的MOR、2h吸水厚度膨胀率（Thickness swelling，TS）和MOE等指标，得出最佳制备工艺参数，并在该最佳工艺条件下生产玉米秸秆刨花板，测试发现板材的各项物理力学性能良好。

目前，生产中最常用的胶黏剂是脲醛树脂、异氰酸酯等，然而，相对于木材而言，由于秸秆的导热系数低、传热速率慢且密度更小，导致在相同条件下秸秆人造板材比木质人造板材所需的热压时间更长，这也造成了秸秆人造板的生产成本较高、生产效率较低等问题。从当前几家秸秆人造板制造公司的实际生产情况来看，在生产秸秆人造板材时，大多数情况下平均热压时间在18～20s/mm范围内，但有些秸秆板材的生产需要的热压时间则更长（＞35s/mm），这就造成了能耗的增加、产能的降低及板材含水率的不好等一系列问题。而含水率的降低为秸秆刨花板材的后期翘曲变形造成了隐患，这一关键问题亟待解决。人们为了缩短板材制造过程中的热压时间，采取了对板坯进行高频微波等特殊加热方式及汽击处理，有时还需要添加固化促进剂。除此之外，热压过程中，秸秆人造板板坯里的水蒸气要比木质原料板坯难以排出，在高密度板材和特厚板材生产过程中，鼓泡、分层或炸板等热压缺陷现象非常易于发生，针对上述问题，研究人员开发了特殊无机胶黏剂，可在冷压过程中实现快速固化，对秸秆人造板生产过程的效率提高和能耗降低都具有显著影响，推广应用价值十分巨大。

综上所述，在秸秆人造板的制备工艺中，热压时间、热压温度、热压压力等工艺参数是秸秆人造板材产品性能的主要影响因素。国内学者和研究人员通过多种实验，都可以得到较好的工艺组合来生产人造秸秆板材，其各项物理力学性能均能达到国家标准，不断深入研究制造出安全、环保的秸秆人造板材对中国秸秆资源的高效利用具有重大意义。

3.1.2 玉米秸秆人造板

玉米秸秆中纤维素、半纤维素和木质素的平均含量分别为35%、22%和18%，成分与含量均与木材相当。玉米秸秆主要由茎、叶两部分组成，其中茎为主要利用部位，由外皮（Stem rind）、芯穰（Stem pith）和茎结（Stem node）组成，叶部主要由叶鞘（Leaf sheath）和叶片（Leaf）组成，结构见图3.3。外皮富含蜡质和灰分（主要成分为SiO_2），纤维素、木质素含量高，细胞致密且结构强度大，承担了秸秆的主要机械性能，但含有的SiO_2成分会严重影响材料的胶合作用。玉米秸秆纤维素是一种线性链结构，主要包括无定形和结晶区域，而其中的无定形结构亲水性很强（图3.4）。玉米秸秆的水分含量和纤维之间的空隙对其力学性能影响较大，因此，研究人员利用羟基基团反应对秸秆纤维素进行改性处理，通过形成相互紧密连接的网格结构，进而增强聚合物基体界面与纤维之间的化学作用，这些表面的相互作用将为秸秆人造板材的物理性能和机械性能带来较大影响。此外，为有效改善秸秆人造板材的胶黏性能，对秸秆原材料进行表面改性，从而提高纤维基体界面黏结能力是制备秸秆人造板必不可少的一道工艺方法。目前，对玉米秸秆纤维表面的改性处理主要包括碱处理、苯甲酰化、乙酰化和放电处理，其中使用最为广泛的是碱处理。

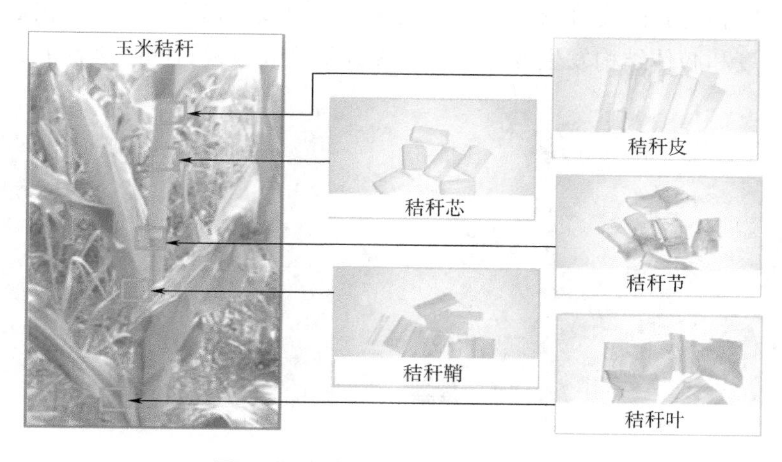

图3.3　玉米秸秆的形态结构组成

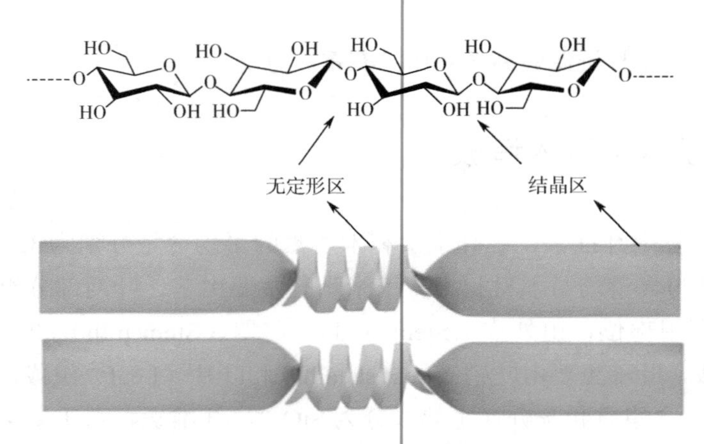

图3.4　玉米秸秆纤维素的线性链结构

对玉米秸秆采取如下碱处理：将玉米秸秆纤维外皮粉碎至长度3～4mm，在30℃条件下，将纤维颗粒浸泡在1% NaOH溶液中约20min，使用蒸馏水洗涤直至其变为中性，去除多余的溶剂和水分，90℃在真空干燥箱中处理4h。经扫描电镜测试显示，未经碱处理的纤维表面附着少量杂质颗粒，但仍显示出比较光滑的形态，见图3.5（a），而经过NaOH处理后，纤维表面变得更光滑，可以观察到微孔和节点见图3.5（b）。表明秸秆纤维在改性后的微观结构发生了显著变化，这是由于秸秆表面的蜡质、果胶及SiO_2等天然或人工杂质的去除，导致更多的纤维素裸露在表面所致。对NaOH碱处理后的不同类型的秸秆人造板进行声学特性测试，发现其吸声功能显著提升，这是由于处理后的秸秆孔隙度降低且气流电阻率提高导致。扫描电镜图片也显示，纤维的粗糙度和腔体结构发生变化可显著提升秸秆人造板材的吸声性能。

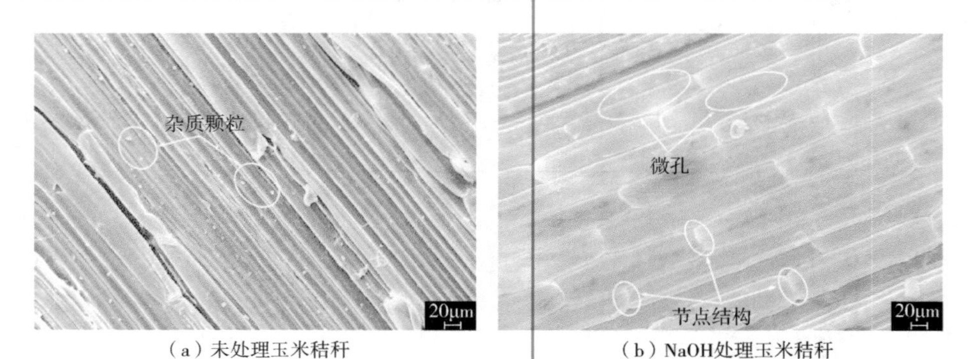

（a）未处理玉米秸秆　　（b）NaOH处理玉米秸秆

图3.5　玉米秸秆纤维微观结构

通过正交试验，以时间、密度、施胶量、胶黏剂混合比例作为考察因素对玉米秸秆板的各项性能进行研究。结果表明：热压时间对玉米秸秆板的24h吸水厚度膨胀率和弹性模量影响较显著；成板密度、施胶量和胶混合比例对24h吸水厚度膨胀率、内结合强度和弹性模量等性能均有高度显著性影响。在一定条件范围内，随着热压时间、密度及施胶量的不断加大，秸秆皮板材的物理力学性能指标也随之提高，而胶黏剂异氰酸酯的用量加大，则能使秸秆板材的物理性能有所提升。玉米秸秆人造板的最优工艺条件为：热压时间4～5min，板密度0.9g/cm^3，施胶量12%，胶黏剂混合比（UF：PMDI）为7：3，人造板的物理性能达到最优水平。

利用玉米秸秆皮压制秸秆人造板，制备出完整的玉米秸秆皮层积材和复合板材，通过对两种不同类型的板材进行性能分析，使用玉米秸秆碎料制备复合板的表层面，可以显著改善人造板材的物理性能；同时研究发现，秸秆原料本身的特性、原料配比和加工工艺参数都是人造板材物理力学性能的影响因素，而且相关实验结果表明穗部及其以下的玉米秸秆皮与穗部以上相比，制备的板材性能更为优异，其物理力学性能均能达到国家相关标准要求。

3.1.3 小麦秸秆人造板

小麦秸秆纤维的长度、密度、韧性、延伸率分别为800～1300μm，37～45dtex，9～17CN/tex，1%～5%，也是制备秸秆人造板材的重要原料之一。小麦秸秆在制板领域常以整茎形式使用，主要原因是相比于其它秸秆而言，小麦秸秆纤维的力学性能较差，弯曲强度低。但小麦秸秆纤维的非极性表面与高密度聚乙烯（HDPE）之间具有更好的相容性，从而使小麦秸秆人造板比玉米秸纤人造板具有更好的机械性能。

东北林业大学对小麦秸秆特性与制板工艺进行了广泛、深入的研究及分析。该研究涉及小麦秸秆的结构与特性、小麦秸秆人造板的制造工艺参数及板材的力学性能与物理性能等。南京林业大学的科研人员在小麦秸秆人造板的研究方面投入了大量精力，成立了农作物秸秆与速生材工程研究中心，着重研究了麦秸作为墙体保温材料的可能性及利用麦秸制备刨花板和中密度纤维板的生产工艺，并研发了专用胶黏剂，同时，对小麦秸秆人造板的胶合机理及麦秸表面润湿性进行了研究。小麦秸秆纤维韧性较差，通过添加动物胶增强小麦秸秆纤维的抗破碎力，该方法可将其韧性提高165%，杨氏模量（Young's modulus）提高125%，提高破坏应变约125%，处理后的小麦秸秆抗粉碎力可达到4.44kN/m，而未经处理的仅为0.42kN/m。

小麦秸秆纤维还可用于制造光传输建筑应用的增值透明复合板材（如图3.6）。将预聚甲基丙烯酸甲酯（PMMA）浸渍到小麦秸秆纤维中，成功制备出小麦秸秆透明复合板材。微观形貌分析表明，小麦秸秆纤维与聚甲基丙烯酸甲酯具有良好的胶合性能，因此复合板材具有较高的透光率和力学性能。厚度为3mm、小麦秸秆质量分数为30%的透明复合板材透光率为74.63%，雾度为54.87%，抗拉强度为58.19MPa，冲击强度为4.26kJ/m^2。透明复合板材的导热系数为0.07W/mK，保温性能优异。小麦秸秆透明复合板材还表现出优异的热尺寸稳定性和抗紫外线性能，因此，在透明建筑领域具有潜在的应用前景。与木纤维透明复合板材相比，将低成本的农业废弃物小麦秸秆转化为高价值的透明复合板材，同时还改善了透光建筑材料的隔热性能。

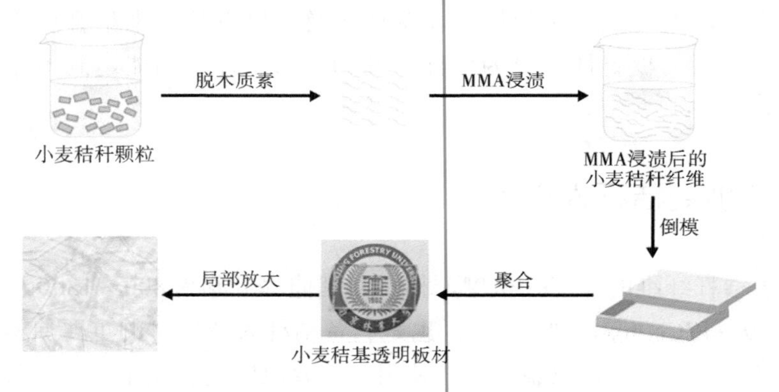

图3.6　小麦秸秆透明复合板材的制备

挤压、切割和球磨等不同的机械加工方式，对小麦秸秆纤维的性能影响不尽相同，接触角测试表明，界面附着力按球磨>挤压>切割的顺序提高，而纤维伸长率（长径比）按切割>挤压>球磨的顺序降低。此外，粉碎小麦秸秆所需的能量随着秸秆粒径的减小而增加，即切割<挤压<球磨。因此，虽然球磨粉碎效果较好，但从经济学角度考虑并不可行。但是，也有研究表明高耗能的球磨工艺是制备生物质人造板并改善其胶合性能的一种有效方法，将小麦秸秆纤维中50%的木质素去除，发现其胶合性能未受显著影响，前提是木质素足以覆盖纤维表面。

以小麦秸秆为原料制备刨花板，采用改性异氰酸酯作为胶黏剂，主要研究胶黏剂用量和密度两个因素在人造板材生产过程中对其力学性能和热稳定性能的影响。通过扫描电子显微镜及热重分析发现，施胶量增大时，除了人造板的热稳定性有所下降外，其它的力学性能都有一定程度的提升；而通过提高板材的密度，可以有效改善其热稳定性，同时各力学性能均有明显提高；最后综合分析人造板材的各项性能指标，利用优化后的工艺条件生产板材，不但成本较低而且各项力学性能均达到国家标准要求。

3.1.4 水稻秸秆人造板

水稻秸秆人造板又称为稻草板，是第一次世界大战期间首先从瑞典发展起来的一种建筑板材，现已普及到英国、美国、澳大利亚、巴基斯坦、泰国、委内瑞拉等许多国家。这种人造板材使用水稻秸秆作原料，无需进行机械破碎，不添加胶黏剂，直接用热压设备制造成型板材，并在其表面贴层“保护纸”。稻草板材具有一定的优势:水稻秸秆来源丰富；板材制造过程无污染，清洁环保；不会产生二次污染，产品达到使用寿命后，所有板材仍可放到自然环境中完全降解。

水稻极易吸收水和土壤中的无定形硅酸盐，其浓度远高于木材中的结晶硅酸盐，硅酸盐几乎不溶于水且化学成分复杂，在水稻秸秆中主要是以磨蚀性较小的非晶态硅酸盐形式存在。当粉碎稻草秸秆时，不仅会产生切碎的材料，还会产生粉尘和细粒，德国辛北尔康普公司（Siempelkamp）开发了一种特殊的清洁装置。该工艺的显著优点之一是将产品中的杂质降至最低，意味着在进一步加工过程中刀具的寿命更长，因为通过分离粉尘和细小材料可以降低金刚砂研磨效应，以确保稻草秸秆中密度纤维板可以像市场出售的木质中密度纤维板一样使用。

研究人员以自主研发的无机胶黏剂、水稻秸秆碎料为原料，利用冷压成型工艺制备秸秆人造板材，并研究了胶黏剂与水稻秸秆比例、秸秆形态、结构和密度对秸秆板材力学性能的影响规律。结果表明，胶黏剂与细料、粗料、粗细混合料的质量比分别为2.2，2.1和2.0时，板材性能均满足国家相关标准要求。在胶黏剂用量相同的情况下，粗料水稻秸秆板材的静曲强度（MOR）和弹性模量（MOE）最大，混合料水稻秸秆板材的内结合强度（IB）最大，吸水厚度膨胀率（TS）最小。相同细粗料比例条件下，单层结构板材的静曲强度、弹性模量、内结合强度和吸水厚度膨胀率均比三层结构板材大。板材的静曲强度、弹性模量、内结合强度和吸水厚度膨胀率与密度均呈线性相关。当密度大于1.0g/cm^{3}时，板材的各项物理力学性能均符合国家标准GB/T 21723—2021的要求。此外，该无机胶黏剂的使用，可有效提高水稻秸秆板材的阻燃性和抑烟特性。研究人员对FRW阻燃型稻草人造板的生产工艺影响因素进行了研究，使用碱液处理水稻秸秆表面后，添加低毒脲醛树脂（UF）、异氰酸酯（MDI）胶黏剂和FRW阻燃剂，利用热压方法制造水稻秸秆阻燃板材，通过对人造板力学性能、阻燃性能进行检测与分析，压制阻燃稻草板的最佳工艺参数为异氰酸酯、脲醛树脂和阻燃剂的用量分别为3%、8%和7%。

3.1.5 秸秆人造板制备中存在的主要问题

中国利用农作物秸秆生产人造板材虽然比较晚，但经过科研工作者和企业人员的不断探索研究，这种人造板在资源利用、生产规模、产品种类、性能质量、工艺技术、检验标准等方面都得到了很大程度上的发展与提高。秸秆人造板与传统的木质人造板相比，虽然有许多优点，但在生产技术上仍存在诸多问题，也是阻碍秸秆人造板生产发展的主要因素。其面临的主要技术问题如下。

① 秸秆的收集、储存。农作物秸秆生长周期短，受当地种植条件影响，需要在特定时间内收集、占地空间大、防火难度高、易腐烂和变质。

② 秸秆的表面特性影响其胶合性能。秸秆表面的化学成分丰富，其中的蜡状物和有机硅需要采用化学、物理及生物的方法加以去除，以改善秸秆的界面特性，提高原料的胶合性能。由于秸秆润湿性较差，需要采用耐水及耐老化性能好的异氰酸酯作为胶黏剂，其具有热压周期短、不存在游离态甲醛等优点，但保质期短且价格较高。

③ 秸秆板材产品脱模问题。虽然胶黏剂使用异氰酸酯弥补了脲醛树脂胶合度不高的缺点，但也带来了热压过程中板材黏结的问题，造成产品的脱模更加困难。

④ 施胶过程的均匀性问题。为了降低板材黏结严重的问题，需要适当减少施胶量，在较大的秸秆单元面积上要实现均匀拌胶，需采用雾化、摩擦等方法，还需要结合滚筒和环式拌胶的操作，这就给施胶工艺及设备带来了

一定的困难。

⑤ 热压工艺问题。平压法是目前生产秸秆板材最常用的方法，用到的热压设备为多层热压机和连续热压机。由于用到的胶黏剂为异氰酸酯，其价格较高，所以需要严格控制施胶量。秸秆刨花板材的密度较小，板坯的初黏性不高，压缩率低，导致板坯初始强度差，压制后的板材裁边量大。此外，秸秆板材所需的热压时间相对于木质板材更长，且板坯排气困难，产量只及木质板的60%左右，需采取相应措施加以解决。

⑥ 产品推广和消费问题。人们对秸秆人造板材的认可度不够，而且其价格偏高，从而导致产品销售过程中遭遇到市场阻力。

3.2 秸秆木塑材料

木塑复合材料（Wood Plastic Composites，WPC）一般是指由天然植物纤维作为填料来填充热塑性塑料，通过一定的成型方法制备得到的一种高性能新型环境友好型复合材料。随着国内外学者对木塑复合材料的持续深入研究，已经逐渐发展为一种可以在户外建筑、家居、汽车等领域取代木材的高性价比新型材料。木质纤维在自然界中具有广泛的来源，其储存量非常丰富，包括木粉、农作物秸秆、甘蔗、竹粉、椰子壳等农林废弃物及自然界生长的麻类植物。特别是利用农作物秸秆制备出具有尺寸稳定、力学性能优良、耐水防虫且加工性能优良的木塑板材，是一条科学可持续解决农林废弃物的新途径。

3.2.1 秸秆木塑材料生产工艺

中国木塑材料经过20多年的发展，已经成为一个自成体系的新兴行业，目前秸秆代替木材制备聚氯乙烯（Polyvinyl chloride，PVC）秸秆木塑板材已经在部分企业获得应用，其成型工艺主要包括纤维预处理、混炼（混合）、挤出造粒、成型阶段，木塑复合材料的主要加工工艺流程如图3.7所示。根据物料的不同和对复合材料所要求的性能不同，在最终的成型方面较为广泛的方法包括：注塑成型、模压成型、挤出成型、中空吹塑成型、薄膜吹塑、压延成型、纤维拉伸等。其中以注塑成型应用最为广泛，具有以下四方面优点。

① 一模多腔，在一个模具中可同时注射多个腔体而得到多个制品，缩短成型周期，成型效率大幅提升；

② 注射熔体无需很高的温度，能耗较低，且可以控制冷却速度、时间等，控制塑料制品结晶度，改善制品的各项性能；

③ 后处理工序简单，开模后得到的制品与模具具有相同的形状与纹理，无需修整或只需稍作修整即可；

④ 在工业化生产中容易做到自动化、批量化的连续生产，产品质量好、经济效益显著。模压成型是将原材料混合均匀后，放入热压型坯中，利用高温压制成型的一种技术。因为可以将秸秆纤维的添加量提高到最多，秸秆纤维有较大的长径比，而且加工工艺简单，操作方便，目前受到广泛的应用与重视。挤出成型是物料在挤出机内共混熔融，通过模具部件的几何形状成型制品，可直接挤出制品。采用挤出成型生产的效率最高，但木塑复合材料产品在挤出成型过程中的热稳定性还有待加强，同时传统挤出成型方法几乎无法解决产品的韧性与刚性问题。

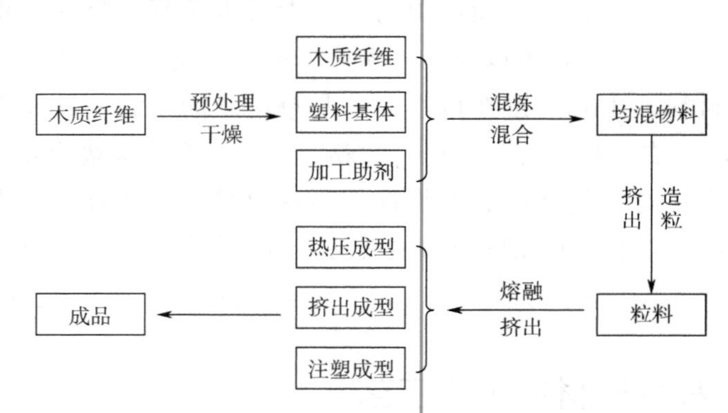

图3.7 木塑复合材料制备工艺流程

现以注塑成型方法为例，介绍秸秆木塑复合材料的加工工艺。注塑成型工艺过程可分为注射、保压、冷却、开模四个阶段，其中冷却所需时间最长，是整个工艺的关键环节，约占整个过程的44%，且除开模时间以外，其余过程时间都受到冷却的影响。若冷却不均匀，所得到的制品将存在很大的内应力，产生翘曲变形，严重时发生断裂，因而模具冷却管路的设计至关重要。传统的冷却方法是在模具中排布直的管路，此法直接在模具中钻孔打洞即可，操作简便但冷却效果一般。近年来发展了多种新的冷却方法，有脉冲冷却、随形冷却和CO_2气体冷却等，这些方法冷却效果更好、适用范围更广，尽可能地使制品的各个部分均匀冷却而消除内应力，更适合秸塑椅面的成型，未来能降低成本，便可大力推广。

冷却系统是注塑模具的关键，对塑料制品的生产效率、生产质量起着至关重要的作用。国内外对冷却系统的设计已经有一套较为成熟的原则，冷却水路在模具中应均匀的布置，避免脱模后的制品温度不均，进一步冷却时发生翘曲变形。冷却水管间距越小，管径越大，则制品冷却越均匀。水孔与相邻型腔表面距离相等，当制品厚度不均匀时，应在厚壁处开设距离制品较近、管间距较小的冷却管道。冷却介质与塑料熔体大致并流，将冷却水的入口设在浇口附近，出口设在熔体流动末端附近，加强浇口处的冷却效果。

用玻璃纤维和油棕纤维混杂增强酚醛树脂制备得到的复合材料力学性能优异。研究结果表明，随着玻璃纤维添加量的变大，复合材料的力学性能显著提高，40wt%的添加量对复合材料力学性能的增强效果最优。该研究有益于玻璃纤维和油棕纤维在增强酚醛树脂材料中制备性价比高且轻质的复合材料，该复合材料具有良好的性能，可作为建筑结构材料应用。采用高能电子束辐射对农作物秸秆进行处理，研究辐射作用对秸秆纤维增强聚乙烯木塑复合材力学性能与结构的影响。结果表明辐射能够提高聚乙烯与秸秆纤维的交联程度，秸秆纤维与聚乙烯基体之间形成稳定的网络结构，从而提高木塑复合材料的抗冲击和弯曲强度，这种方法为秸秆纤维木塑复合材料的制备提供了一种新的思路。还有研究人员采用液相化学氧化方法，对聚乙烯/木粉复合材料表面进行微处理，处理后的复合材料表面通过SEM分析，发现其表面分布有均匀的沟槽，这些处理后产生的均匀沟槽使复合材料表面的润湿性得到显著提高。

采用聚磷酸铵（APP）为阻燃剂，通过熔融共混，制备阻燃水稻秸秆与阻燃稻壳粉木塑复合材料。通过力学性能、极限氧指数、垂直燃烧、热重分析（TGA）和扫描电镜（SEM）等表征手段研究了复合材料的力学、阻燃及热降解行为。发现APP与秸秆粉的阻燃效果好于稻壳粉，当添加18% APP时，聚丙烯/秸秆粉复合材料可达到V-0级，氧指数提高了17.5%。对于聚丙烯/稻壳粉体系，APP添加20%时才达到V-0级。TGA与SEM研究表明：APP的添加使复合材料在燃烧过程中形成膨胀的致密炭层是阻燃的主要原因。纳米微粒具备尺寸小、比表面积大和热稳定性好等优点，通过在一些材料中添加无机纳米粒子往往可以获得优于普通材料的优异性能。将纳米TiO_2、稻壳粉、聚氯乙烯（PVC）或聚乙烯（PE）、稳定剂等按一定比例混合，用挤出成型法制备PVC/稻壳粉木塑复合材料。考察纳米TiO_2添加量对PVC/稻壳粉木塑复合材料性能的影响。实验结果表明，随着纳米TiO_2含量的增加，木塑复合材料的力学性能、防水性能和热稳定性呈现先增加后降低的趋势，但木塑复合材料的表面颜色却随着纳米TiO_2含量的增加而逐渐变浅。当纳米TiO_2含量为1.00份时，木塑复合材料的综合性能最好，与未添加纳米TiO_2的木塑复合材料相比，其拉伸强度、冲击强度和弯曲强度分别提高了40.6%，62.2%和19.7%，8d的吸水率从2.5%降低为1.6%，表面接触角从78.5°增加到82.1°，800℃时的残炭率从21.1%提高到29.5%。

3.2.2 秸秆木塑材料在建筑领域的应用

随着国内外木塑复合材料领域研究工作不断地创新与发展，以及木塑复合材料相关工艺产品在人们日常生活中的不断推广应用，人们对木塑复合材料制品的质量、美观等方面的要求也越来越高，这就进一步地迫使木塑复合材料的成型技术和相关设备也需要朝着更加高端、更加精密、更加高效等方面发展。木塑材料之所以被广泛应用，除自身特点外，还具有几点优点：a.材料多样性。木塑材料的制作原料为秸秆、稻壳、木屑及废弃的塑料制品，充分利用了废物资源；b.塑造灵活性。木塑产品可以通过人工合成不同形状，其灵活性的应用方式拓宽了市场应用领域，满足了用户的多样需求；c.低碳环保性。木塑产品无论在制造初期还是后期应用都具有环保性，且可以回收利用，是一种优良的仿生木材料；d.经济适用性。与木材相比，木塑成品及后期维护的费用都相对低廉，适合大众使用。目前秸秆木塑复合材料主要应用于家居用品、城市景观，在建筑行业、汽车装饰行业、餐饮行业及交通轨道等方面也具有一定的应用前景。秸秆木塑复合材料主要使用场所及规格见表3.1。

表3.1 秸秆木塑复合材料主要使用场所及规格

场所	类别	规格
室外	户外板	依用户要求提供
花箱板	花箱、树池、篱笆、垃圾桶	依用户要求提供

续表

场所	类别	规格
装饰板	外墙装饰板、遮阳板、百叶窗条	依用户要求提供
板凳条	座凳、椅条、靠背条、休闲桌面	依用户要求提供
标志牌	标志牌、指示牌、宣传栏	依用户要求提供
结构材	立柱、横梁、龙骨（可镶套金属件）	依用户要求提供
亲水铺板	码头铺板、水上通道、近水建筑	W：10～15cm H：2～3cm
型（板）材	栈道、步道、桥板（实心或空心）	W：10～15cm H：2～3cm
型（杆）材	扶手、护栏、栅栏、隔断、衬档	依用户要求提供
花架走廊	—	依用户要求提供
户外凉亭	—	依用户要求提供
露天平台	—	依用户要求提供
简易停车房	—	依用户要求提供
室内	地板	H：1.2～1.8cm
顶板	—	依用户要求提供
墙裙	—	依用户要求提供
浴室板	—	依用户要求提供
门窗框套	—	依用户要求提供
室内隔断	—	依用户要求提供
隔声板（墙）	—	依用户要求提供
装饰线条	各类角线、边条、镶条、装饰条	依用户要求提供

（1）家居用品

秸秆木塑复合材料是一种性能稳定、隔热保温、隔音防潮的绿色生态新型环保材料，且具有非常光滑的表面。木塑复合材料的最主要用途之一是替代实体木材制备各种家居用品，具有类似木材的质感和外观，不开裂、不翘曲且抑菌阻燃。可以采用锯、钉、黏结、雕刻等木材的加工方式，木塑材料同时具有防水、防腐、防潮、防虫蛀等作用，且可回收利用。

家具是木塑材料在家居用品中的最主要应用形式，其样式类似于传统的板式家具，如板式床、桌椅及柜类等，见图3.8。木塑材料的强度和韧性对

图3.8　木塑材料家具用品

家具的品质影响较大，其弯曲性能和冲击性能随着配方的改进、工艺的完善和技术的进步而不断提高。木质纤维对木塑材料的性能具有重要影响，不仅与木质纤维的种类有关，还与其加入量及纤维粒径有关联。此外，木塑复合材料的力学性能还受塑料种类及其它填充物料的影响，采用不同的原料配方，木塑材料性能会有很大差别。木质纤维具有较强的极性官能团，而PVC等聚合物的极性则较低，因木质纤维和聚合物极性的差异造成二者界面的相容性较差，较低的界面结合性能易在复合材料内部形成缺陷，使木塑材料的力学性能不稳定。尤其使用废旧塑料时，木塑材料强度和韧性的不确定性和不稳定性会随之增大。使用界面相容剂可有效解决此类问题，添加不同相容剂的增容效果有一定差异。研究表明，马来酸酐接枝聚乙烯（MAPE）和马来酸酐接枝聚丙烯（MAPP）可作为界面相容剂，能显著提高木塑复合材料的拉伸强度和冲击强度，并能有效抑制木塑材料的热膨胀。采用马来酸酐（MAH）对聚乙烯（PE）和聚丙烯（PP）共混物进行接枝改性处理，可同时解决塑料与木质纤维、不同塑料基质之间的界面相容性问题，使利用混合废旧塑料也能制备出高性能的木塑复合材料成为现实。这些木塑材料力学性能方面的研究为其在家具制造中的应用提供了强有力的理论基础。随着人们生活水平的不断提高，家具作为重要的家居用品，必然对其外观有着更高的要求。为赋予木塑复合材料更优美的外观，可使用薄木对木塑材料进行贴面，获得实木的纹理和质感，从而使木塑材料在装饰性要求较高的家具制造领域具有更广泛的应用。此外，利用木塑材料成型工艺的灵活性特点，将具有可逆热致变色功能的微胶囊添加于木塑复合材料中，赋予其良好的可逆热致变色性能，更加合理利用木塑复合材料，还可开发出具有特殊功能的家具制品。在家具制造领域，木塑复合材料因其环保和优良的性能越来越备受关注，其应用也变得更为广泛。

木塑墙板是安装在墙面上的复合板材，当用于室内墙面装饰时称为室内装饰墙板，当用于室外墙面装饰时称为室外装饰墙板。木塑材料在建筑墙体（墙板）中的应用主要有四类：一是应用于墙体的外装饰材料，有外挂板、空心外墙装饰板；二是应用于墙体的内装饰材料，有轻质发泡装饰板；三是木塑复合墙板；四是作为轻钢龙骨组合墙体材料层。将木塑板材应用到室内墙壁上，既可起到装饰效果，还具有隔音、防火、耐腐蚀等功能。室内木塑墙板运用其纹理质感，营造出一种自然亲和、具有生命活力的自然效果，见图3.9。目前，木塑墙板的研究方向多集中在优化性能参数，如防火性能、耐久性能、耐热性能、力学性能等，降低生产能耗以外，还可以从实现建筑艺术效果出发，采用类似于合成树脂瓦共挤技术，在墙板表面包覆一层涂层材料，一方面可以提高木塑墙板直接暴露于室外自然环境下的耐老化性能，同时可以实现其多变的颜色和纹路机理比如大理石效果、木纹效果、瓷砖效果、石材效果等，赋予建筑外立面更多的艺术效果和设计个性。随着科学技术的不断发展与进步，新材料、新设备、新装配技术的出现可能会使木塑墙体的一些性能得到改善和提高，从而扩大木塑墙板的应用领域。

图3.9　木塑材料墙体板材

木塑地板是利用木塑复合材料与多种添加物混合挤出、模压或注射成型制备而成的地板，具有与传统地板相同的加工特性，使用普通工具即可锯切、钻孔、上钉，操作简单。2020年11月，国家市场监督管理总局和国家标准化管理委员会联合发布了GB/T 24508—2020《木塑地板》，于2021年6月1

日正式实施，该标准重新界定了木塑地板的定义、分类、外观尺寸及物理力学性能等。木塑地板在家庭装修所占比例约21.5%，从防水防潮角度考虑，木塑地板在室内的安装区域应首选阳台，其装饰效果突破了瓷砖垄断阳台地面铺装材料的局限，在装饰设计方面提供了更为多元化的元素。木塑地板的铺装方式与传统木质地板相似，分为平口板和卡扣板，平口板需用螺钉直接与龙骨固定，卡扣板则需用卡扣配合螺钉一起紧固。卡扣原料不得使用回收材料，而且要依照所铺装的木塑地板厚度选择不同规格的不锈钢自攻螺钉。木塑地板的优良性能符合室内环境的舒适度，是木塑材料最早应用到室内空间的代表，特别用于有地热的室内环境，不易发生变形，在日本、韩国、北美已广泛采用。木塑地板不仅色泽自然均匀、纹路逼真，从实用角度出发，也是传统地板的最佳替代品，对于维护生态可持续性发展具有积极的促进作用，可用于室内阳台、厨房、客厅、办公厅、室外公园等多种场所。

（2）户外景观

木塑复合材料兼具塑料与木质材料的特性，具有防潮、耐腐蚀、易加工、使用寿命长、可循环利用、维护成本低等特点，在户外园林景观设施和娱乐场所公共设施中比较常见，如公园中的凉亭、护栏、栈道、铺板、座椅、垃圾桶及花箱、餐桌等。木塑复合材料可塑性强，能根据不同的地形与应用场景，改变其颜色、纹理及尺寸长度，有助于实现施工方案中的理想化结构。普通木质材料由于受到天气变化、空气湿度等影响，在室外易产生霉变腐烂、翘曲变形等现象，降低了户外家具的使用性能，严重影响其外观。木塑户外家具具有防腐、耐老化、损耗低及免油漆等优点，不仅可减少维护，更能增加经济效益，已被许多国家认可。利用可塑性较强的木塑复合材料设计出造型精致的凉亭，选择原木色搭配自然纹理，与休闲栈道连接，实现生态化创新设计。此外，木塑材料具有较好的吸音、隔音性能，人们在由木塑复合材料建造的空间交谈时，会产生安静、惬意的感觉，使听觉产生舒适感受。

3.3 秸秆砖材料

秸秆砖是以玉米、小麦、水稻、棉花、大豆等农作物秸秆或木屑为原材料，经过先进的机械装备加工和高效技术相融合打造而成的环保建筑材料。

使原本松散的秸秆变得致密紧实，再切割成砖块，堆砌起来作为承重或非承重墙体，该技术改变了秸秆材料只能应用于屋面保温隔热的传统技术，拓宽了秸秆材料在建筑围护结构中的应用范围。用秸秆砖建造的房屋环境舒适且能够降低外界噪音，深受人们的喜爱，见图3.10。

图3.10　秸秆砖建筑墙体

3.3.1　秸秆砖生产工艺

以玉米、小麦、水稻等农作物秸秆为原料，经过收集、存储、从粗粉到细粉加工，再到搅拌、挤压成型等流水线工艺生产出秸秆砖。生产工艺流程如图3.11所示。

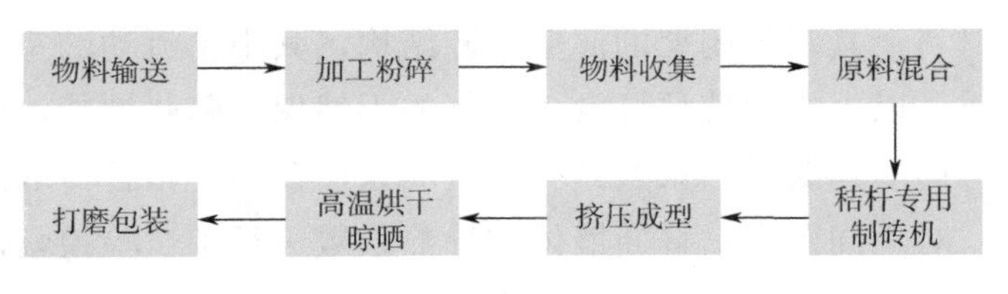

图3.11　秸秆砖生产工艺

依靠纯物理压缩捆扎制备的秸秆砖材料，缺少保护性材料（如胶凝等）对其进行的包裹，非常容易吸取水分，从而导致膨胀、发霉变质、被真菌或昆虫腐蚀等现象。面对上述问题，有人将粉碎成一定目数的秸秆，与混凝土按一定比例混合，固化后形成秸秆砖材料。同时对不同配比的秸秆砖样品进行了导热系数测定，通过对比分析发现:秸秆砖含水率与导热系数成正比，即含水越少，保温效果越好，越适合作为建筑的保温材料。也可将玉米秸秆粉碎成大小为1～2cm的颗粒，再与水泥搅拌浇筑成型。这种方法的优点是设备简单、产品成型快，适用于批量生产。在相同的砖块体积下，秸秆量掺杂越多，则保温性能越好，但秸秆砖材料的强度越低。采用“两线法”或“三线法”，将小麦或玉米秸秆捆绑制成秸秆砖砌块材料，其导热系数与目前广泛使用的苯板基本相同，保温性能显著，并有望实现单一墙体节能75%的目标。但是，此砖因秸秆外层没有胶凝的保护性包覆，易发霉变质，真菌或昆虫滋生的现象也比较明显，而且该材料的主体是秸秆，较易燃烧。

3.3.2 秸秆砖性能研究

对秸秆砖的压缩应力、高密度范围内的热传导率和体积热容量进行了相关实验和分析，结果表明秸秆砖材料适用于日光温室的建筑墙体。通过对秸秆砖砌体材料的抗压、抗剪、受压变形、弹性模量、泊松比等基本力学性能进行试验研究，并与普通黏土砖和混凝土砌块进行对比，分析了它们之间相同点和不同点，提出了秸秆砖墙体的设计和施工建议。对棉花秸秆草砖的基本力学性能进行研究，并探讨了该种砖材料的填充墙与混凝土外框的协同受力情况，并对其耐火性能进行研究。目前，国内一些企业也开展了对秸秆砖产品的开发与应用，哈尔滨展大科技有限责任公司开发的“草瓷砖”等多项秸秆建材产品，在国际秸秆产业博览会上受到了广泛关注，应用前景广阔。

大多数农作物茎秆材质疏松，秆壁密度低，是管壁状、空心、不连续、轻质的多孔材料，具有封闭型的薄壁空腔结构，其中不流动的空气是一种很好的隔热介质，以上特性使秸秆具备良好的天然保温隔热性能。研究发现秸秆密度与秸秆砖墙体的导热系数具有显著关系，在小麦秸秆砖墙传热机理研究的基础上，对不同密度秸秆砖墙体的导热系数进行了试验摸索，结果表明秸秆砖墙体的导热系数随密度增加呈先减小后增大的变化规律，从而确定了较小的秸秆砖墙导热系数的合理密度范围为80～100kg/m^3，为秸秆砖建筑设计与应用提供依据。

3.3.3 秸秆砖的应用领域

中国秸秆砖在建筑方面的应用发展较晚，自承重的草砖墙体限于国内技术的落后和中国居民生活方式的独特性，大多数不能满足居住者对于住宅功能空间的需要，在中国住宅建筑使用中数量极少；其它结合框架结构的非承重草砖墙体虽应用更加灵活，但目前多在中国东北地区的农村或城郊地区有部分应用；小型规模草砖房可用在旅游景区，作为餐厅、临时休息、小型别墅等功能使用。

秸秆砖具有许多优点，但是将其用于修建房屋时，存在的缺点也显而易见：a.因墙体需埋入地下约5cm深度，一段时间后，秸秆砖发生分散或变形，极易引起建筑安全问题；b.秸秆受潮后，其含有的钠、钾等离子迁移出来并不断聚集，与建筑中的钢筋接触后可能会发生电化腐蚀反应，严重影响建筑的结构稳定性；c.秸秆砖施工方便且环保，但其直接作为建筑材料本身具有不足，如易燃、易受潮等、易发霉等，后期处理工艺十分繁杂；d.受制于现有建造技术，秸秆砖墙体建筑承重能力有限，结构形式比较单一，直接导致其应用具有一定的局限性。中国秸秆砖建筑材料正处于摸索阶段，在建造过程中使用的技术多参照国外模式，还没有秸秆砖建筑的相关标准或规范。

3.4 秸秆加筋材料

3.4.1 秸秆加筋土材料

在土体中加入各种农作物秸秆、竹条、柳条等筋材的建筑材料，称之为秸秆加筋土，其目的是通过土体与筋材之间的相互作用提高材料的整体强度。近年来，加筋土材料在中国土木建筑工程行业（如地基、挡墙、边坡、路堤、土垫层等）得到越来越广泛的应用，充分展示出其优良的适用性和经济性，科研工作者在相关领域的研究也取得了较为丰富的理论和应用成果。

在土体中加入小麦秸秆，通过无侧限抗压强度试验，以添加小麦秸秆的含量和长度为主控制量，研究其对加筋土抗压强度的影响，并在此基础上开展了加筋土边坡模型试验。加筋土的最优配比为小麦秸秆加筋率0.3%，加筋长度20mm。小麦秸秆起到了良好的加固作用，有效限制了土体易产生的变形现象。在小麦秸秆加筋率不变的情况下，当秸秆长度较短时，“锚固长度”较短，“锚固效果”较弱；当秸秆长度增加时，“锚固长度”增加，限制了土体裂纹的形成与扩展，锚固作用增强；当秸秆长度继续增大时，虽然增加了“锚固长度”，但使筋材的“等效间距”增大，削弱了秸秆加筋的整体作用。当秸秆长度不变时，随着加筋率的增大，“等效间距”变小，且秸秆交织在一起，限制了土体各个方向的变形；当加筋率继续增大时，小麦秸秆之间的“等效间距”变小，出现“群锚效应”此外还会导致麦秸秆与小麦秸秆之间的直接接触，形成薄弱位置，反而降低了土体的抗压强度。对于粉质黏土边坡，当坡顶受到较小荷载时，素土边坡和小麦秸秆加筋土边坡挡墙所受到的土压力基本相等；随着荷载的增加，土体密实度增大，加筋土边坡挡墙的墙背土压力明显小于同荷载时的素土边坡挡墙的墙背土压力，说明麦秸秆加筋土可以承担和分散更多的土压力，减小挡墙的所受分力。相同荷载作用下，加筋土边坡挡墙的水平变形比素土边坡挡墙的水平变形小，且变形发展过程更加缓慢，且素土边坡挡墙会出现位移“突变”的情况，而加筋土边坡挡墙的变形则是渐变且连续的。当素土边坡挡墙失效时，墙后填土直接沿滑动面崩塌，而加筋土边坡的挡墙却表现为“裂而不倒”，稳定性较好。

3.4.2 秸秆水泥材料

水泥在建筑领域中应用广泛，对城市建设起着非常重要的作用，但脆性断裂一直是水泥基建筑材料存在的严重问题。木质纤维材料具有资源量大和来源广泛的优势，将其添加到水泥基复合材料中进行增强改性，是改善水泥脆性问题十分有效的技术方法。

秸秆水泥的力学性能主要受纤维粒径和掺入量的影响，其中粒径大小影响秸秆纤维在基体中的分散性和增强作用。对不同粒径汉麻秸秆对纤维混凝土的力学性能进行研究，发现粒径较小的汉麻秸秆使混凝土具有更好的力学性能；粒径较大的秸秆在水泥中分散性较差，导致内部空隙分布不均匀，使水泥材料的力学性能降低。秸秆纤维的长径比越大，其对复合材料的增韧效果越显著。纤维粒径的大小影响其比表面积长径比和粗糙度，使复合材料的拉伸强度随着粒径的降低而呈现出先增加后降低的趋势，秸秆长度为10～20mm时水泥混凝土的力学性能最佳。

秸秆纤维掺入量对水泥混凝土的体积分数、内部孔隙率和密实度具有显著影响。随着秸秆掺入量的增加，水泥复合材料的密度降低，孔隙度增大，抗压强度显著下降，研究发现1%的秸秆掺入量时，水泥混凝土的抗压强度最佳。

参考文献

[1] 卢杰. 地板基材用玉米秸秆皮复合板工艺技术研究[D]. 哈尔滨: 东北林业大学, 2012.

[2] 卢军虎, 龚茹. 中国秸秆人造板产业现状及前景[J]. 中国人造板, 2016, 3: 16-18.

[3] Zhou Dingguo, Zhang Yang. The development of straw-based composites industry in China[J]. China Wood Industry, 2007, 21(1): 5-8.

[4] 李萍, 左迎峰, 吴义强, 等. 秸秆人造板制造及应用研究进展[J]. 材料导报, 2019, 33(8): 2624-2630.

[5] 严永林, 李新功, 刘晓荣. 稻草碎料板热压工艺研究[J]. 中南林业科技大学学报, 2012, 32(1): 126-129.

[6] 金格格. 玉米秸秆人造板热压成型参数试验[D]. 沈阳: 沈阳农业大学, 2019.

[7] Yeng C M, Husseinsyah S and Ting S S 2015 A comparative study of different crosslinking agent-modified chitosan/corn cob biocomposite films Polym. Bull. 72 791-808.

[8] 王裕银, 李国忠, 柏玉婷. 玉米秸秆纤维/脱硫石膏复合材料的性能[J]. 复合材料学报, 2010, 27(6): 94-99.

[9] Ghaffar S H, Fan M and McVicar B 2017 Interfacial properties with bonding and failure mechanisms of wheat straw node and internode Composites Part A: Applied Science and Manufacturing. 99 102-12.

[10] 王伟宏, 宋永明, 高华. 木塑复合材料[M]. 北京: 科学出版社, 2010, 73-74.

[11] Goriparthi B K, Suman K N S and Rao N M 2012 Effect of fiber surface treatments on mechanical and abrasive wear performance of polylactide/jute composites Composites Part A: Applied Science and Manufacturing. 43 1800-8.

[12] 刘飞虹, 韩广萍, 程万里. 玉米秸秆粉体/聚乙烯复合材料的制备及性能研究[J]. 东北林业大学学报, 2015, 43(3): 119-122.

[13] Ma Y, Wu S, Zhuang J, Tong J, Xiao Y and Qi H 2018 The evaluation of physio-mechanical and tribological characterization of friction composites reinforced by waste corn stalk Materials (Basel). 11 901.

[14] 许晴, 谭钦文, 辛保泉, 等. 三种不同秸秆纤维-水泥复合材料的性能对比研究[J]. 混凝土与水泥制品, 2016(6): 88-92.

[15] Ghaffar S H, Fan M and McVicar B 2017 Interfacial properties with bonding and failure mechanisms of wheat straw node and internode Composites PartA: Applied Science and Manufacturing. 99 102-12.

[16] 吴其胜, 黎水平, 刘学军, 等. 农作物秸秆纤维增强脱硫石膏墙体材料的制备与研究[J]. 新型建筑材料, 2012(1): 32-35.

[17] 谢慧东, 槐衍廷, 张勇, 等. 改性王米秸秆纤维素在砂浆中的应用研究[J]. 新型建筑材料, 2015(5): 4-7.

[18] Ma Y, Wu S, Zhuang J, Tong J, Xiao Y and Qi H 2018 The evaluation of physio-mechanical and tribological characterization of friction composites reinforced by waste corn stalk Materials (Basel). 11 901.

[19] 王建恒, 田英良, 徐长伟, 等. 玉米秸秆掺量对氯氧镁水泥复合保温材料性能的影响[J]. 新型建筑材料, 2016(5): 87-90.

[20] Smole M S, Kleinschek K, Kreze T, Strnad S, Mandl M and Wachter B 2004 Physical properties of grass fibres

Chem. Biochem. Eng. Q. 18 47-54.
[21] 杨青松，徐学东．玉米秸秆草砖住房建造技术及保温性能研究[J]．新型建筑材料, 2015, (5): 61-63.
[22] 沈文星，周定国．秸秆人造板的产业化问题[J]．林业科学, 2007, (3): 103-107.
[23] Ali. M, Alabdulkarem. A, Nuhait. A, Al-Salem. K, Almuzaiqer. R, Bayaquob. O, Salah. H, Alsaggaf. A, Algafri. Z, Journal of Natural Fibers. 2021, 18 (12): 2173-2188.
[24] J. Tong, X. Wang, B. Kuai, J. Gao, Y. Zhang, Z. Huang, L. Cai, Development of transparent composites using wheat straw fibers for light-transmitting building applications. Industrial Crops & Products. 170 (2021) 113685.
[25] 王博闻，路琴．聚氯乙烯/秸秆粉末木塑复合材料的性能研究[J]．中国塑料, 2017, 31(09): 62-67.
[26] Boudria A, Hammoui Y, Adjeroud N, Djerrada N and Madani K 2018 Effect of filler load and high-energy ball milling process on properties of plasticized wheat gluten/olive pomace biocomposite Adv. Powder Technol. 29 1230-8.
[27] 左迎峰，吴义强，吴建雄，等．工艺参数对无机胶黏剂稻草板性能的影响[J]．林业工程学报, 2016, 1(4): 25-32.
[28] 王逢瑚，李源玲，孙建平，等．稻草阻燃人造板的生产工艺[J]．福建林学院学报, 2009, 29(1): 49-52.
[29] 王莉娟，张双保．中国麦秸板的研究现状及其存在的问题[J]．木材加工机械, 2005, 0112-14.
[30] 刘华，张雷明，王乃谦．秸秆人造板的现状与发展研究[C]．2014 中国木质建材与绿色建筑产业技术交流会, 2014: 20-22.
[31] 贾贞，李国梁．硅烷偶联剂对稻草板力学性能的影响[J]．林业科技, 2010, 35(1): 41-43.
[32] 刘振，马磊，聂宁，等．秸秆板材用无机环保型胶黏剂制备与应用研究[J]．林产工业, 2018, 45(6): 47-51.
[33] Parviz Soroushian, Maan Hassan. Evaluation of cement -bondedstrawboard against alternative cement-based siding products[J]. Construction and Building Materials, 2012, 34: 77-82.
[34] Zuo Yingfeng, Xiao Junhua, Wang Jian, et al. Preparation and characterization of fire retardant straw/magnesium cementcomposites with an organic -inorganic network structure [J]. Construction and Building Materials, 2018, 171: 404-413.
[35] 建方方，谷丽娜，王静．高效催化剂催化裂解玉米秸秆[J]．能源工程, 2010(4): 33-37.
[36] Privalko V P, Korskanov V V, Privalko E G. Composition-Dependent Properties of Polyethylene/Kaolin Composites: VI. Thermoelastic behavior in the melt state[J]. Journal of Thermal Analysis and Calorimetry, 2000, 59(1): 509-516.
[37] Smith P M, Wolcott M P. Opportunities for wood/natural fiber-plastic composites in residential and industrial applications[J]. Forest Products Journal, 2006, 56(3): 4-11.
[38] 付文，王丽，刘安华．木塑复合材料改性研究进展[J]．高分子通报, 2010, (3): 61-65.
[39] Sreekala M S, George J, Kumaran M G, et al. The mechanical performance of hybrid phenol-formal dehyde-based composites reinforced with glass and oil palm fibres[J]. Composites Science & Technology, 2002, 62(3): 339-353.
[40] 郭丹，赵星，黄科，等．电子束辐射对农作物秸秆粉/聚乙烯木塑复合材料结构与性能的影响[J]．高分子材料科学与工程, 2016, 32(6): 63-67.

[41] 陈志博，滕晓磊，张彦华，等．聚乙烯/木粉复合材料的液相化学氧化表面处理[J]．高分子材料科学与工程, 2011, 27(11): 49-52.

[42] 姚雪霞．纳米TiO_2对稻壳/PVC复合材料理化性能的影响研[C]．中国化学会学术年会, 2016.

[43] 王月．PVC基木塑复合材料性能的研究[D]．天津：河北工业大学, 2014.

[44] 王宝云，陈伟，杨柳，等．PVC / PE基木塑复合材料性能研究[J]．塑料工业, 2011, 32(6): 29-32, 36.

[45] 何春霞，侯人鸾，薛娇，等．不同模压成型条件下聚丙烯木塑复合材料性能[J]．农业工程学报, 2012, (15): 145-150.

[46] 李自强，王传名，孙恒，等．木塑复合材料的成型加工及影响因素．工程塑料应用, 2009, (07): 35-38.

[47] 王超，何继敏．木塑复合材料注射成型的研究进展[J]．工程塑料应用, 2008, (06): 81-84.

[48] 陈然，李丽萍．水稻秸秆与稻壳制备阻燃木塑复合材料的对比研究[J]．化工新型材料, 2017, 45(12): 118-121.

[49] 杨鸣波，李忠明，冯建民，等．秸秆聚氯乙烯复合材料的初步研究材料科学与工程, 2000, 28(4): 9-11.

[50] 毕馨予，吴智慧．木塑复合材料在室内家具中的应用[J]．家具, 2015, (04): 29-32.

[51] 郜楠．割捆机打捆机构分析与动力学优化设计研究[D]．长春：吉林大学, 2015.

[52] 隋明锐．秸秆资源利用与新型环保材料秸秆砖推广[J]．中国新技术新产品, 2010, (16): 182-182.

[53] 姜伟，刘功良．改性复合稻草砖的综合性能分析与应用[J]．建筑节能, 2010, 38(6): 54-56.

[54] 牛伯羽，肖泽明．利用玉米秸秆生产环境友好型砌体的研究[J]．科技信息, 2012, (35): 160-160.

[55] 王晓峰，曹宝珠．秸秆草砖保温性能研究[J]．吉林建筑工程学院学报, 2013, 30(2): 9-11.

[56] 刘学艳，刘彦龙．水泥非木材植物纤维空心砌块[J]．东北林业大学学报, 2002, 30(6): 86-87.

[57] 杨旭．秸秆墙砖成型及在日光温室中应用研究[D]．南京：南京农业大学, 2013.

[58] 彭立磊．农作物秸秆再生保温砖砌体基本物理力学性能试验研究[D]．郑州：郑州大学, 2016.

[59] 傅志前．不同密度的麦秸砖墙导热系数试验研究[J]．建筑材料学报, 2012, 15(2): 289-292.

[60] 安巧霞，孙三民，陈浩，等．棉花秸秆砖日光温室后背墙构造设计及可行性分析——以北疆地区为例[J]．甘肃农业大学学报, 2017, 52(2): 11-120.

[61] 付彬彬．棉花秸秆草砖墙与混凝土外框协同受力及耐火性能研究[D]．乌鲁木齐：新疆农业大学, 2015.

[62] 李炳跃，刘国强．加筋土技术的研究和应用进展[J]．重庆建筑, 2009, 8(10): 49-51.

[63] 杨继位，柴寿喜，王晓燕，等．以抗压强度确定麦秸秆加筋盐渍土的加筋条件[J]．岩土力学, 2010, 31(10): 3260-3264.

[64] 柴寿喜，王沛，王晓燕．麦秸秆布筋区域与截面形状下的加筋土抗剪强度[J]．岩土力学, 2013, 34(1): 123-127.

[65] Qu Jili, Li Chencai, Liu Baoshi et al. Effect of random inclusion of wheat straw fibers on shear strength characteristics of Shanghai cohesive soil[J]. Geotechnical and Geological Engineering, 2013, 31(2): 511-518.

[66] 璩继立，俞汉宁，江海洋，等．棕榈丝与麦秸秆丝加筋土无侧限抗压强度比较[J]．地下空间与工程学报, 2015, 11 (5): 1216-1220.

[67] 张瑞敏，王晓燕，柴寿喜．稻草加筋土和麦秸秆加筋土的无侧限抗压强度比较[J]．天津城市建设学院学报, 2011, 17 (4) : 232-235.

[68] 王驰，鲍安红，黎桉君，等. 重庆地区秸秆改性生土墙的力学性能试验研究[J]. 建筑技术, 2016, 47(10): 928-929.
[69] 吴其胜，黎水平，刘学军，等. 农作物秸秆纤维增强脱硫石膏墙体材料的制备与研究[J]. 新型建筑材料, 2012(1): 32-35.
[70] 肖力光，李晶辉. 秸秆环保节能材料性能的研究[J]. 吉林建筑工程学院学报, 2008, 25(2): 211-217.
[71] Zhou Xiangming, Li Zongjin. Light-weight wood-magnesium oxychloride cement composite building products made by extru sion[J]. Construction and Building Materials, 2012(27): 382-389.
[72] 梁锐. 可代替混凝土支模用木材的仿木材料研究[D]. 长春：吉林建筑工程学院, 2010.
[73] 封凌竹. 小麦秸秆-镁水泥复合保温砂浆研制及性能研究[D]. 济南：山东农业大学, 2016.
[74] 金开锋，张秋平，张润芳，等. 不同秸秆填料对镁质水泥轻质砌块性能的影响[J]. 混凝土与水泥制品, 2014, (4): 71-73.
[75] 曹旭辉，朱祥，钟春伟，等. 稻草纤维/镁水泥复合材料的性能研究[J]. 混凝土, 2010, (5): 61-63.
[76] 张长森，刘学军，荀和生，等. 建筑垃圾-秸秆-镁水泥墙体保温材料的试验研究[J]. 混凝土, 2011(1): 78-80.
[77] 张政涛，陈惠苏，袁海峰，等. 秸秆-氯氧镁水泥墙体保温材料配合比设计方法[J]. 东南大学学报：自然科学版, 2010, 40(S(II)): 28-33.
[78] 黄华大. 秸秆镁质水泥轻质条板的生产技术及其应用[J]. 建筑节能, 2002, 30(5) : 29-31.
[79] 王建恒，田英良，徐长伟，等. 玉米秸秆掺量对氯氧镁水泥复合保温材料性能的影响[J]. 新型建筑材料, 2016, 43 (5): 87-90.
[80] 文劲松，麻向军，刘斌. 塑料成型加工模拟技术及软件应用[J]. 计算机辅助工程, 2003, (04): 56-62.

第4章 秸秆基造纸材料与应用

原料短缺一直是中国造纸行业面临的主要问题，需从国外进口大量木材、商品浆、木浆及废纸等多种造纸原料，不仅使造纸成本增加，还在一定程度上影响造纸工业的安全。造纸原料的短缺严重阻碍了中国造纸工业的发展，因此寻找一种可以替代木材的造纸原料，开发一种利用木材替代原料的造纸方法迫在眉睫。

在世界范围内，大量非木材纤维被用于制浆造纸领域，包括农业废弃物与自然生长或人工种植的牧草等。其中农业废弃物如小麦秸秆、水稻秸秆、玉米秸秆、棉秆等，纤维品质良好，是天然制浆造纸的适宜原料，几种秸秆的主要造纸成分见表4.1。2015年5月，多位院士和专家建议“推广先进技术模式利用农业秸秆制浆造纸”认为：采用清洁制浆方式制备纸张、一次性餐具等是秸秆材料化利用的重要途径之一。中国利用秸秆制浆造纸发展较早，在发展过程中积累了丰富的经验，技术水平处于世界领先地位。由于秸秆制浆造纸严重污染环境，在多年“农业秸秆制浆等于污染”的社会舆论压力下，逐渐关闭了一大批以农业秸秆为原料的制浆造纸企业，使得秸秆清洁制浆造纸技术得不到发展和重视。

近几年，随着秸秆制浆技术的不断发展，中国已成功研发多项秸秆清洁制浆造纸技术，并已实现了工厂化生产，这些先进技术体系基本可以解决秸秆制浆造纸的污染问题。秸秆制浆造纸在大量消耗农业秸秆、减轻环境污染、提高农民收入的同时，还能减轻造纸业对国外市场的依赖，实现社会效益和经济效益的统一。

表4.1 几种秸秆造纸原料的组成成分分析

原料种类	水分/%	灰分/%	抽提物				纤维素/%	聚戊糖/%	木质素/%
			冷水	热水	有机溶剂	1% NaOH			
玉米秸皮	9.60	2.97	9.36	23.89	5.53	50.61	44.69	20.58	16.56
高粱秸秆	9.43	4.76	8.08	13.88	0.10	25.12	39.70	24.40	22.52
稻草	9.87	15.50	6.85	28.50	0.65	47.70	36.20	18.06	14.05
麦草	10.65	6.04	5.36	23.15	0.51	44.56	40.40	25.56	22.34
芦苇	14.13	2.96	2.12	10.69	0.74	31.51	43.55	22.46	25.40

4.1 秸秆制浆方法

制浆主要是指采用物理、化学及生物等方法，或将两种方法联合起来，从植物纤维原料中分离出纤维而获得未漂白的本色浆或漂白浆的生产过程。一般来说，制浆过程主要包括原料收集、预处理、磨浆（蒸煮）、筛选、漂白等几个基本步骤，可以根据实际制浆过程进行适当调整。

4.1.1 物理法制浆

（1）机械法制浆

机械法制浆是一种利用机械的旋转摩擦作用使植物细胞与其化学成分之间解离，从而得到韧皮纤维进行制浆。该方法主要出现在19世纪末20世纪初，目前较少有工厂将单一机械制浆方法应用于实际生产过程中。大量的能源消耗是限制机械制浆发展的主要因素，伴随着电力能源成本的不断上升，迫使设备制造商、造纸企业及科研工作者对机械制浆工艺进行深入研究，努力降低该过程中的能源消耗。下面列出了各个方面所具有的节能潜力，以及某些方面已经取得不错的成效：a.对生产过程中产生的热能进行回收；b.原材料进行生物降解预处理；c.对原材料进行化学预处理；d.选择适宜的磨浆设备（单盘与双盘磨浆机）；e.设置适宜的磨浆机转速；f.根据不同原料选择不同磨片设计；g.随时对浆料质量进行监测和控制；h.调整原料特性。

机械制浆使纸张具有较高的得率及光学性能，且对环境友好，在工业制浆中仍占有较重要的地位。在实际应用中，主要和其它方法配合使用，常用的有机械化学法与机械生物法。

（2）爆破法制浆

爆破法主要是采用高温高压使植物纤维原料内部结构发生变化，并通过喷放过程中的高压作用使纤维原料分离成浆。该方法具有成浆得率高、纤维强度高、化学品及能量消耗少等优点，非常适合于非木材纤维制浆，为农业秸秆应用提供了一个新的技术路线，是近年来发展较快的一种制浆方法。利用爆破法对水稻秸秆进行处理制浆。研究表明，该方法制浆得率为65%左右，制备的瓦楞原纸级别可达到国家B级标准，国内已有企业建立了爆破浆生产线。国外学者以烟秆为原料，采用蒸汽爆破方法制浆造纸，制备的漂白浆质量达到生产要求。

4.1.2 化学法制浆

化学法制浆指在制浆过程中添加一些化学试剂，在一定温度和压力条件下处理植物纤维原料，将原料中的木质素和非纤维碳水化合物及油脂、树脂等溶出，并尽可能地保留纤维素和不同程度的保留半纤维素，使原料纤维彼此分离成浆。利用化学方法制备的纸张量约占市场上工业和商业用纸的75%左右，与机械法相比，化学法制浆消耗的能源更少，获得的纤维形态相对完整，其它方法在制浆过程中都不可避免对纤维产生不同程度的破坏。因此，化学法制浆仍是目前获得高品质纸浆的最佳途径。在化学制浆方法中，应用最为广泛的是碱法制浆和硫酸盐法制浆。

（1）碱法

碱法制浆，亦称为碱法蒸煮，指利用碱性化学试剂水溶液，在适宜温度对植物纤维进行蒸煮，去除原料中的木质素成分，使原料中的纤维彼此分离并制成纸浆。碱法适合对玉米、棉、麻、草类等非木材秸秆纤维原料进行蒸煮处理，是目前中小型纸厂采用较多的方法。

碱法制浆加入的化学试剂主要为NaOH，在蒸煮过程中OH^-发生亲核取代反应，使木质素结构单元中的酚型α-芳基醚或α-烷基醚键的接连发生碱化断裂，酚型β-芳基醚键的碱化断裂，苯丙单元侧链芳基-烷基或烷基间的碳-碳键断裂，苯环上甲氧基的甲基断裂等。蒸煮过程中木质素大分子通过断裂等形式逐步变成更易溶出的小分子物质，从而达到脱除原料木质素，使纤维成分析出的目的。通常情况下，添加蒽醌等添加剂可有效保护植物纤维原料中的碳水化合物，从而提高制浆得率。对烟草茎秆的碱法与碱-蒽醌法制浆做了对比实验，结果显示，NaOH使用量为25%，升温时间为1.5h，最高蒸煮温度为165℃，保温时间为3h，料液比1:7的实验条件下，秸秆纸浆得率为33.2%，而在相同实验参数条件下，向蒸煮液中添加0.2%的蒽醌助剂后，纸浆得率达到37.1%，上升了3.9%，分析原因为蒽醌助剂较好地稳定了秸秆中的碳水化合物成分。不同植物纤维原料的化学组成之间存在差异，因此在采用碱法蒸煮时，应考虑原料的适用性，选用合适的制浆方式，实现植物纤维资源的最大化利用。

利用碱法蒸煮分别处理木材和秸秆原料，不同阶段原料中木质素的脱除温度与脱除率有较大差异，如图4.1所示。以木材为原料的三个阶段：第一阶段为温度低于140℃时，原料中木质素的脱除率为20%～25%，耗碱量约为60%，即初始脱木质素阶段；第二阶段为大量（主要）木质素阶段，此阶段温度在140～170℃，木质素溶出量约占原料总量的60%～70%；第三阶段为残余木质素脱除阶段，温度在160～170℃，木质素的脱除率在10%～15%，此阶段控制不好会造成木质素的缩合及碳水化合物的大量降解。相应地，以秸秆为原料的碱法制浆蒸煮也分为3个阶段：第一阶段温度低于80～90℃，原料中木质素的脱除率约为60%，消耗碱量约45%，即主要脱除木质素阶段；第二阶段为补充脱木质素阶段，蒸煮温度达到100℃以上即为此阶段，木质素溶出量约占木质素总量的25%～28%，碱消耗量约为20%；第三阶段是残余木质素脱除阶段，温度在100～160℃范围，木质素脱除率在5%～10%。综上所述，利用碱法对秸秆进行蒸煮制浆所需温度低于木材原料，可有效降低能源消耗。

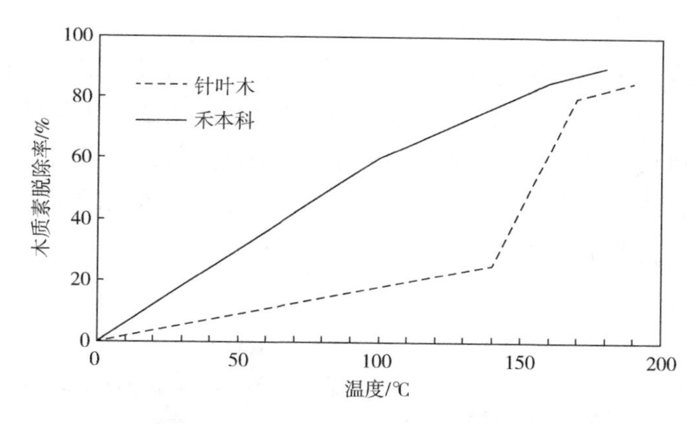

图4.1　木材原料和水稻秸秆原料碱法蒸煮脱木质素过程

（2）硫酸盐法

硫酸盐法制浆添加的主要化学试剂为NaOH和Na_2S，除了在碱法蒸煮过程中会发生的反应外，由于HS^-的电负性远强于OH^-，所以还会发生木质素结构单元中非酚型的β-芳基醚键的断裂。硫酸盐法制浆的主要优点在于：蒸煮液的pH值有较宽的选择范围，由强酸性到强碱性，适用于生产各种性质不同的纸浆品种，而且与相同木质素含量的其它化学纸浆相比，得率较高，且色泽较浅。因此，硫酸盐法是目前非木材植物纤维制浆的主要方法之一。

硫酸盐法制浆是目前最主要的纸浆生产方法，原因主要有两个，一是由于其多功能性，二是它能生产出高强度、长纤维、极低木质素含量的纸浆。硫酸盐法蒸煮所得纸浆的纤维强度较好，得率高，漂白后纸张反黄率低，最重要的是制浆过程的废液循环再利用等问题也得到了有效解决，因此成为了最经典的制浆方法之一。目前世界上流通的商品纸浆中，至少有80%通过该方法获得。该工艺能够适应多种植物纤维，适应性广泛，包括木材来源的针叶、阔叶等木材，以及玉米秸秆、小麦秸秆等农作物废弃物。

硫酸盐法制浆也存在一些弊端，首先在蒸煮过程中会产生含硫气体，对环境造成一定污染，由于工厂生产时会散发硫磺气味，在一些人口密集地区禁止使用该法制浆；另一个缺点是其成浆颜色较深，如果对纸张白度有一定要求，则需要进行漂白工艺。与硫酸盐法制浆相比，亚硫酸盐法制浆所生产的纸浆纸质较硬，颜色较浅，只需少量漂白即可。

4.1.3 生物法制浆

生物制浆是生物技术与制浆造纸技术的结合，主要利用微生物或其产生的酶降解植物纤维原料中的木质素，再与相应的机械法、化学法及有机溶剂法相结合而制浆的过程，见图4.2。生物制浆与其它传统制浆方法相比，不仅可降低能耗、改善纸张性能、提高设备生产能力，还可以减少造纸过程对环境的破坏，代表着未来清洁制浆技术发展的方向。

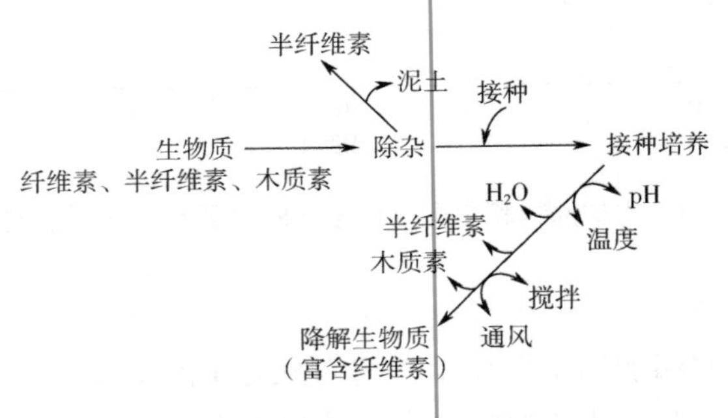

图4.2 生物法制浆生产工艺

（1）微生物法

微生物法制浆的主要步骤是在制浆过程中加入能够降解木质素的微生物。利用微生物进行制浆的优点是能源消耗低，且不添加或少添加化学试剂，减少对环境的污染。但是制浆过程中需要提供微生物生长所需的适宜条件，同时需要控制微生物的发酵时间，过度发酵会导致纤维素发生降解。生物制浆使用的微生物通常为白腐菌，白腐菌属于担子菌纲（Basidiomycetes），在自然界中约2～3万种，如黄孢原毛平革菌（*Phanerochaete chrysosporium*）、云芝（*Coriolus versicolor*）及虫拟蜡菌（*Ceriporiopsis subvermispora*）等。生物法制浆所用的微生物必须具有反应速率快、分解木质素能力强、尽可能少分解或不分解纤维素等特点。利用生物法制浆时，原料需经过高温高压灭菌，确保接种的白腐菌不受其它菌种抑制。灭菌条件视菌种和原料不同而有差异，通常为：水分60%～70%，温度25～35℃，时间为5～14d，原料中还需加入少量的碳源、氮源、金属离子和缓冲溶液。白腐菌的生长需要氧气，因此在处理过程中需要不断通气。

利用白腐菌对纸浆进行处理，具有深度脱除木质素作用，可大大减少后续漂白过程中化学试剂的用量，从而降低漂白废水的污染负荷。1979年，美国科学家Kirk和Yang开始利用黄孢原毛平革菌（*Phanerochaere chrysosporium*）直接处理硫酸盐纸浆，随后利用碱液进行抽提，发现纸浆中部分木质素被降解，虽然漂白效果没有达到显著水平，但可使后续漂白氯用量减少约27%。从这以后，利用白腐菌进行纸浆漂白的研究逐渐丰富起来。

应用微生物法制浆过程中，菌种的作用是最为关键的。如何培育和分离出更为有效的真菌或细菌微生物是未来工作中非常重要的基础研究环节。随着现代生物技术的不断进步，科学家研究出具有较强降解功能的基因工程菌株。以嗜碱性芽孢杆菌Bacillus sp为供试菌株，利用基因工程方法敲除供试菌株的纤维素酶基因，只保留木质素酶基因，制备出具有优先降解棉花秸秆木质素的菌株NT-19。以棉花秸秆粉为唯一碳源，经菌株NT-19降解5d后，其木质素去除率为30%；从制浆角度研究，NT-19的降解时间以3d为宜；经过NT-19菌株降解后，再进行化学制浆，在纸浆硬度相当的情况下，纸浆得率（56.48%）比传统化学制浆得率（45.45%）提高了11%，耗碱量比传统化学制浆耗碱量低10%。

（2）生物酶法

生物酶法制浆是指直接向原料中添加酶制剂，利用酶制剂对原料进行降解。生物酶法反应过程简单可控，温度和pH值条件温和，不会对纤维素聚合度产生较大影响，且对环境污染较小，总体来说，投入生产的可能性较大。

漆酶是一种苯二酚氧化还原酶（EC1.10.3.2），通常含有4个铜金属离子催化活性位点，具有催化和降解多种芳香环有机物的功能，是白腐菌产生的最重要的氧化酶之一。在制浆过程中，漆酶可联合其它氧化还原酶类对木质纤维素进行氧化还原反应，将以木质素为代表的芳香环类高分子有机物逐渐降解为小分子化合物，酶催化示意图见4.3。可为后续制浆过程减少大量的化学试剂消耗，最终实现环保和低排放的制浆过程。以芦苇秆作为造纸原料添加漆酶进行制浆，从制浆过程的处理时间来看，草浆处理时间与木浆处理时间未出现显著差异，说明原材料中纤维素、半纤维素和木质素的组成成分并不是影响漆酶降解木质素的关键因素。而其它初始操作条件如：植物纤维的粉碎程度、漆酶用量等都可能对处理时间有影响。漆酶反应的最适宜温度为23～30℃。通常，温度越高，漆酶处理制浆脱除木质素所需的相对时间越短。

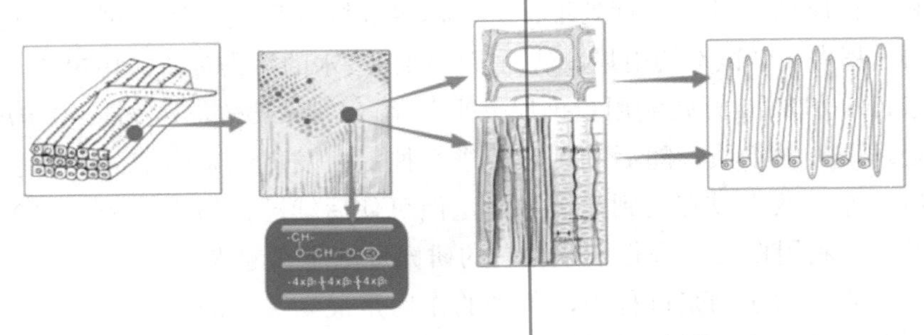

图4.3　生物制浆过程酶催化作用示意图

果胶酶是一种可将果胶质降解为半乳糖醛酸的多酶复合体。将其应用于制浆工艺，可有效降解植物纤维原料中的果胶质成分，使纤维易于分散形成纤维束或单纤维，从而提高制浆得率。采用果胶酶对甘蔗渣进行处理，将处理后的蔗渣与空白对照比较，发现果胶酶处理后纸浆性能有显著改善，纸张亮度增加约5.5%，断裂强度增加约17.1%，撕裂指数增加约7.0%，生物酶漂白过程见图4.4。

秸秆不同部位成分不同，在制浆过程中应将其考虑在内。玉米秸秆的髓芯部位由薄壁非纤维细胞组成，对制浆过程和纸张性能均有负面影响。利用复合酶包含淀粉酶、果胶酶、木聚糖酶、脂肪酶、蛋白水解酶等，进行除髓预处理，然后进行常规碱法蒸煮和机械精制生产纸浆。结果表明，玉米秸秆除髓后的纸浆性能优异，纸浆得率介于56.63%～79.94%，抗张指数和撕裂指数分别介于40.00～61.79N·m/g和4.99～8.89mN·m^2/g，制浆性能显著优于未使用酶处理对照。

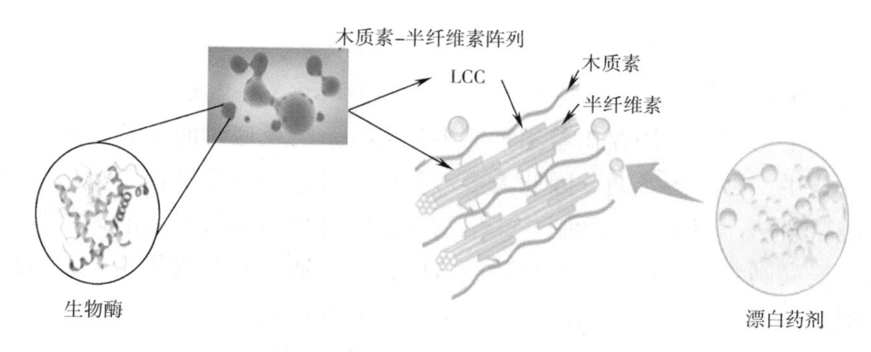

图4.4 生物酶漂白过程酶作用机制示意图

生物法制浆具有条件温和、减少环境污染的优点，但同时也存在一定问题：a.原料经微生物或酶制剂处理后变成纸浆的过程耗时较长，难以满足连续生产的要求；b.生物酶制剂的生产成本较高且酶的反应条件难以控制；c.生物法制浆尚不能完全实现工业化生产过程。因此，在现阶段还不能实现完全的生物法制浆，需与化学制浆和机械制浆联合使用，可减少化学药品和能源的消耗，减轻污染的负荷。

4.1.4 联合制浆方法

除了上述几种制浆方式外，还有很多方法是将不同的制浆技术联合起来进行使用，比如生物机械法、生物化学法、化学机械法等。

（1）生物机械法

生物机械法制浆（Biomechanical pulping）是将生物处理引入机械制浆过程，具有节约能耗，降低环境污染，改善纸张强度性能的潜力。美国林产品研究所和威斯康辛大学联合采用生物机械制浆法，在机械磨浆前利用黄孢原毛平革菌（*Phanerochaete chrysosporium*）处理植物纤维，与传统机械法比较可节约电能25%～50%，纸张耐破指数由0.92kPa·m^2/g上升到2.05kPa·m^2/g，撕裂指数由2.03mN·m^2/g提高到4.53mN·m^2/g，抗张指数由29.5 N·m/g提高到52.8N·m/g。利用侧耳属（Pleurotus）菌种对稻草进行预处理制机械浆研究，相比对照黄孢原毛平革菌（*Phanerochaete chrysosporium*）、侧耳属的杏鲍菇（*Pleurotus eryngii*）具有更优异的脱木质素选择性，且在降解木质素过程中不会对其它碳水化合物产生破坏作用。后经磨浆实验证明杏鲍菇可有效降低磨浆能耗，与烧碱浸渍共同处理制备纸浆时其能量和化学试剂的消耗远远低于半化学工业制浆。

（2）生物化学法

传统生物制浆方法存在着生物酶不易提取、酶反应时间过长无法满足连续工业化生产需求等难题，因此大多数科研人员已转向先进行生物预处理的化学制浆方法，即生物化学制浆。生物降解结合化学制浆工艺能显著降低耗碱量并提高制浆得率，同时减少残碱量的排放。通过对常规化学制浆和酶法化学制浆研究比较，发现酶法化学制浆可显著提高脱木质素效率，降低纸浆卡伯值，减少筛渣率，降低化学蒸煮阶段的碱消耗量；同时，与常规化学制浆相比，相同打浆度前提下，酶法化学制浆获得的纸浆白度和各项强度性能指标均有所提高。

（3）化学机械法

化学机械法制浆（Chemical Mechanical Pulping）是指采用化学预处理和机械磨解后处理的制浆方法，先使用化学试剂进行轻度预处理（浸渍或蒸煮）除去原材料中部分半纤维素，木素较少溶出或基本未溶出，但软化了胞间层。再经盘磨机进行后处理，磨解软化后的原材料，使纤维分离成纸浆，是一种化学预处理与机械磨浆处理相结合的两段制浆方式。化学机械浆一般含有较高含量的木质素和纤维素及较低含量的半纤维素。这类纸浆的物理强度介于化学浆与机械浆之间，成纸具有较好的硬度，其漂白、水化和滤水性能接近于机械浆。不同原材料对化机浆得率影响较大，低的为65%，高的可达94%。得率较低的本色化机浆的物理强度较高，多用于生产包装纸板及瓦楞原纸等；得率较高而色泽较浅或经过适当漂白的化机浆则多用于生产新闻纸、中低档印刷纸或配用于涂布加工原纸。

4.2 秸秆造纸工艺

作为世界上最大的非木材纸浆生产国家，中国造纸企业积累了丰富的秸秆制浆技术和经验。农作物秸秆在结构、化学组成与化学特性等方面均与木材有着较大的区别，因此其蒸煮、漂白等工艺条件都与木材原料相差较大。因此，中国学者对秸秆类原料的制浆规律及工艺特性进行了长期、系列的研究，并得到了较为显著的成果和认识。

秸秆作为制浆原料的优点是木质素易于脱除且方便蒸煮，为在化学浆制浆过程中可选择温和的工艺条件，如低温、缓慢升温、适当保温等。在分离去除木质素的同时，尽量保留纤维素，提高纸浆强度。秸秆作为制浆原料的缺点为吸收液体量大，制浆得率低，浆液黏度大且滤水困难。因此利用秸秆作为造纸制浆原料时，在生产纸种、制浆方法选择、生产设备选型、打浆抄纸工艺技术制定、化学品应用等过程中，需充分考虑秸秆的纤维特点，在制浆、抄纸等各个环节克服不足并发挥特长。

浸渍过程是影响制浆效果的重要因素之一，为获得较高的制浆得率、纸浆白度及消耗较少的化学试剂用量，充分了解浸渍过程中的各项参数，包括试剂用量、试剂活性、浸渍时间和浸渍温度等对制浆效果的影响是非常必要的。如碱法制浆过程中，随着碱用量的增加，纸浆的白度升高，但得率显著下降。因此以稻麦草为原料利用碱性过氧化氢（Alkali Peroxide Mechanical Pulp，APMP）法制浆过程中，确定H_2O_2和碱的用量时，需综合考虑纸浆白度增加及得率下降的问题。在机械法制浆过程中，在制浆得率没有具体要求的前提下，提高纸的白度是非常重要的，对于大部分纸浆生产，需要的也是更高的白度。

陈克复院士团队认为，非木纸浆清洁漂白技术的关键在于使用环境友好型漂白剂、短流程及更为高效的漂白助剂；国内于1983年开始利用烧碱法、烧碱-蒽醌法和碱性亚硫酸盐法等工艺研究小麦秸秆制浆过程中各组分的变化；随后从1987年开始草类原料氧碱制浆体系过程与工艺的研究，并在浆料质量和废液的循环利用等方面取得了较为显著的研究成果。经过多年发展，中国在秸秆类制浆领域的研究已处于国际前沿水平，并在山东、河北和天津等地形成了具有一定产业规模的秸秆造纸企业，但是，造纸黑液体系中的硅干扰一直都是困扰着秸秆造纸企业的技术难题。以木材为主要原料制浆产生的黑液浓缩后浓度能保持在65%以上甚至更高，因此其碱回收率可高达95%；而小麦秸秆制浆厂产生的黑液最高浓度为55%，其碱回收率不到80%。主要原因为黑液蒸发浓缩难度较大，固形物黏度高，燃烧困难且膨化性能差，热值低等问题所致。体系中过量的硅及聚戊糖是导致这些问题的两大因素。因此，虽然中国在秸秆制浆领域开展的研究和工业化生产均较早，但是因其原料自身特性所决定的先天性不足却始终都伴随并制约其发展。

4.3 秸秆制浆污染处理

近年来，随着环保要求的日益严格，制浆造纸清洁生产水平与环境要求之间的矛盾日益突出，尤其是秸秆草浆造纸，已成为造纸工业的主要污染源之一。但由于秸秆原料来源广泛，且非木材纤维原料浆成纸匀度好、平滑度好、吸墨性好、易蒸煮、易施胶，一旦突破制浆过程中的污染难题，会极大缓解中国造纸原料紧缺的矛盾，有着巨大的经济效益和环境效益。

秸秆与木材化学成分不同，导致两种原料的制浆特性略有不同。秸秆原料制备的纸浆过滤性能较差，黑液中硅和糖分含量较高，是产生黑液黏度高的主要原因，因此对于秸秆造纸黑液，很难对其进行提取、蒸发和燃烧等后续处理。近年来，针对秸秆制浆过程中的污染严重难题，国内制浆造纸界和造纸环保界通过自主研发（国外造纸以木材为主，在秸秆清洁制浆方面几乎无经验可借鉴），在秸秆清洁制浆技术方面取得了突破性进展，并在很多地方实现了一定规模的工业化生产，为农作物秸秆的资源化利用打开了有利局面。

4.3.1 膨化制浆技术

膨化制浆是在爆破制浆技术基础上演化而来的，属于物理法制浆技术。膨化制浆技术采用高温高压蒸汽，对小麦秸秆、棉花秸秆等原料进行蒸煮，污染负荷接近中性。该技术在生产过程中不需要添加任何化学试剂，属于无污染环保制浆。但是爆破制浆过程中需要的蒸汽压力较大，易使浆料出现高温碳化和木素缩合作用，导致制浆秸秆原料的纤维受到较大破坏。生产出来的纸品颜色发黑、拉伸性能降低，直接导致纸品达不到质量要求。针对上述问题，研究人员将爆破方法改为膨化方法，经过小试、中试和生产性试验，将蒸汽压力控制在8kg左右，使制浆秸秆原料在适宜压力条件下获得较好的膨化作用，而且不会使秸秆纤维遭到破坏。

4.3.2 氧化法清洁制浆技术

氧化法清洁制浆是使用含氧或有氧化性的化学试剂来完成制浆的技术方

法，如用碱性H_2O_2、氧气加碱性H_2O_2及利用特殊技术手段产生含氧自由基作为制浆试剂等方法都属于氧化法制浆技术范围。自由基的强氧化作用使纸张的漂白效果较好，但对纤维的破坏作用更强。目前，造纸企业多选用氧碱、氧碱H_2O_2进行制浆，避免上述问题的发生。由于氧化清洁法制浆过程中污染物产生少、废液排放少，因此成为众多浆纸生产企业和研发单位的研究重点。

4.3.3 DMC制浆技术

清洁制浆（digesting wish material cleanly，DMC）技术是将小麦秸秆、水稻秸秆、玉米秸秆、竹子、芦苇等原料切成一定长度，在常温常压条件下加入DMC催化剂，经过渗透软化、分解纤维素，再经疏解、磨浆、漂白、脱水成浆。每道工序的废水均分段回收，将各段废水分别利用高效率的絮凝剂和金属膜过滤器处理，生产用水逐级处理，循环回用，只需适量补充生产用水。

DMC制浆技术的核心是DMC催化剂和DMC絮凝剂。DMC催化剂主要为有机物和无机盐等常规药品配制，对人体皮肤及金属物无腐蚀作用，在低浓度、大液比条件下软化原料的纤维素、半纤维素、改性木质素并分离出胶体和灰分。通过机械法处理即可获得达标纸浆，纸浆分离后去除水中胶体杂质，含DMC催化剂的废水可继续回收并适量补水使用。DMC絮凝剂主要由果胶及淀粉配制而成，将水溶性粗纤维、灰分、色素、胶质等有机氧化物动态絮凝，从而分离去除。DMC制浆技术具有得浆率高（80%），与传统制浆技术相比，可节约18%，节省投资约70%。

4.3.4 生物制浆技术

生物制浆在制浆过程中使用生物反应来替代传统的化学药品，从而减少生产过程的污染物产生量，产生的废水可生化性好、易处理回用，极大减少废水排放量，达到低污染制浆的目的。目前，用于生物制浆的真菌主要有白腐菌，它们通过分泌漆酶、木素过氧化物酶、锰过氧化物酶、纤维素酶和半纤维素酶等降解木质纤维素成分。白腐菌产生的胞外酶具有很强的酶促降解木质素大分子的能力。用于生物漂白的真菌几乎都是白腐菌和褐腐菌，其所产生的酶如木聚糖酶、聚甘露糖酶、木素酶等对生物漂白起重要的辅助作用。

中国造纸协会指出秸秆制浆造纸工业应该是绿色、环保且能够循环利用，应充分合理地将生物质精炼模式应用于制浆造纸行业，为该行业在转型升级、产品优化等方面提供无限可能，同时还可以生产具有市场需求且利润值更高的生物或化学产品，从而可为某些处于急需改造升级的造纸企业提供强大的生命活力和发展潜力。

4.4 秸秆制浆造纸的发展趋势

4.4.1 进一步开发秸秆清洁制浆技术

秸秆制浆造纸是对生产连续性和稳定性要求较高的流水线式作业过程，对于上述清洁制浆技术，虽然已在某些企业实现工业化生产，但规模不大，因此上述清洁制浆技术应在大规模工业化生产适应性方面继续提取相关数据并予以改进完善，以满足更大规模的工业化生产。

秸秆清洁制浆过程中，很多工段的废水都实现了循环回用，从而使得企业废水总外排量急剧下降，实现低污染制浆目的。但是从理论上分析，在浆料蒸煮、漂白等过程中，原料中的有机树脂、胶体物质等都会从秸秆原料中析出，溶入到水体中，这些废水循环回用后，废水中的这些物质会在浆料里积累，从而使得成浆的质量受到影响。同时，这些物质会对后续造纸过程的连续性和稳定性造成极大的障碍，也会对纸品质量造成严重影响，这是秸秆清洁制浆技术应予以高度重视的。

由于废水实现循环回用，使得废水中上述物质和成分在浆料中积累，在后续抄纸过程中会集聚在纸品中。在产品使用中会对与这类纸品密切接触人员的健康产生危害，纸品废弃时（如室外雨淋等）积聚在纸品里的这些物质会对环境产生污染，实现污染路线的变迁和污染对象的转移，这是秸秆清洁制浆技术应予以高度重视的。

上述清洁制浆技术，在小试、中试、生产性试验中都以某一秸秆为原料，但很多地方的农村是多种秸秆共存（如江汉平原的小麦秆、水稻秆、棉秆，东北平原的水稻秆、玉米秆、大豆秆等），应拓宽清洁制浆技术的原料适宜范围。

4.4.2 进一步开发秸秆清洁制浆污染物的处理技术

清洁制浆并不是完全没有污染物产生，只是污染物的产生量与传统制浆技术相比少得多，但还是存在，应予以关注。特别是生物制浆技术的废水排放，使用了某些改性后的特效菌种，废水和污泥中含有大量的生物群，其对环境的影响应引起高度重视，确保环境生物安全性。

4.4.3 不断提升秸秆清洁制浆技术的集成度

上述清洁制浆技术，在自身工艺和参数完善前提下，应不断提升技术的集成度，不仅应从制浆工艺本身，还应从制浆设备、电气与自动控制设备、废水处理设备、设备防腐等方面进行水平提升，逐步形成项目总承包技术服务能力。

参考文献

[1] 中国造纸协会. 中国造纸工业2014年度报告[J]. 中华纸业, 2015, 36(11): 28-38.

[2] 曹振雷, 李娜, 黄显南, 等. 造纸资源短缺的时代[J]. 中华纸业, 2013, 34(9): 27-31.

[3] 胡宗渊. 综论科学合理利用非木材纤维原料——兼谈草类纤维原料清洁制浆新技术[J]. 中华纸业, 2010, 31(19): 22-25.

[4] 刘金鹏, 鞠美庭, 刘英华, 等. 中国农业秸秆资源化技术及产业发展分析[J]. 生态经济, 2011(5): 136-141.

[5] 杨金玲, 陈海涛. 农作物秸秆在造纸工业的应用[J]. 黑龙江造纸, 2010, 1, 29-32.

[6] Kamyar Salehi, Othar Kordsachia, Rudolf Patt. Comparison of MEA/AQ, soda and soda/AQ pulping of wheat and rye straw [J]. Industrial Crops and Products, 2014, 52: 603-610.

[7] 杨淑蕙. 植物纤维化学[M]. 3版. 北京: 中国轻工业出版社, 2006.

[8] Per Tomas Larsson, Tom LindstrÖm, Leif A. Carlsson, Christer Fellers. Fiber length and bonding effects on tensile strength and toughness of kraft paper [J]. Journal of Materials Science, 2018, 53: 3006-3015.

[9] Ge Xu, Jihe Yang, Huihui Mao, et al. Pulping black liquor used directly as a green and effective source for neat oil and as an emulsifier of catalytic cracking heavy oil [J]. Chemistry and Technology of Fuels and Oils, 2011, 47: 283.

[10] 王兆江, 陈克复, 李军, 等. 碱法蔗渣浆全无氯漂白技术研究[J]. 中国造纸, 2009, 12, 1-4.

[11] 李忠正. 禾草类纤维制浆造纸(第二卷)[M]. 北京: 中国轻工业出版社, 2013.

[12] 平清伟, 张美云. 荻自催化乙醇法制浆反应历程的研究[J]. 中国造纸学报, 1999, 1, 19-24.

[13] 陈克利. 氧碱制浆工业化进程中存在问题与解决对策分析[J]. 中华纸业, 2009, 18: 11-13.

[14] 李连兴. 草类纤维原料氧化法清洁制浆新技术机理探讨[J]. 中华纸业, 2011, 9: 17-23.

[15] 张楠, 刘秉钺, 韩颖. 中国的木浆和小麦秸秆浆黑液碱回收现状[J]. 中国造纸, 2012, 31: 67-72.
[16] 师睿, 陈克利. 小麦秸秆碱法制浆黑液的离心分离及其特性研究[J]. 2017, 2: 1-5.
[17] Guanhua Wang, Hongzhang Chen. Enhanced lignin extraction process from steam exploded corn stalk [J]. Separation and Purification Technology, 2016, 157: 93-101.
[18] Kirk Y K, Koning J W, Jr. and Burgess R R. In Frontiers in Industrial Mycology[M]. New York: Leatham, Chapman and Hall1992: 99.
[19] 杜予民, 周丹娜, 等. 棉秆非纤维组分嗜碱细菌生物降解及制浆研究[J]. 中国造纸, 1998(3): 46-49.
[20] 伍安国, 曾辉, 等. 生物技术在造纸工业中的应用研究进展[J]. 曲南造纸, 2005, 34(2).
[21] 黄金铎. 植物纤维磨浆中酶/化学品复合的作用[D]. 福州: 福建师范大学, 2011.
[22] 胡惠仁, 石淑兰, 等. 4 种竹材硫酸盐浆与马尾松木浆配抄纸袋纸和牛皮纸[J]. 天津轻工业学院校报, 2001(1): 5-10.
[23] 贾剑, 杨忠奎, 等. 用全漂白竹浆或与蔗渣浆配抄白色牛皮纸的研究[J]. 纸和造纸, 2017, 36(6): 14-16.
[24] 隋明, 姚瑞玲, 等. 制浆造纸技术探析[J]. 黑龙江造纸, 2020(3): 25-26.
[25] 陈嘉川, 李风宁, 等. 非木材生物制浆技术新进展[J]. 中华纸业, 2017, 38(4): 7-12.
[26]牛司鹏, 杨桂花, 等. 膨化预处理对玉米秸秆纤维形态结构及制浆性能的影响[J]. 中国造纸, 2018, 37(9): 23-28.
[27] 霍满堂, 侯哲生, 等. 玉米秸秆无氧制浆工艺[J]. 农业工程, 2020, 10(7).
[28] 杨明学, 柴孟慧. 一种利用废弃玉米秸秆造纸制浆的工艺方法: 中国, CN201410529695. 2[P], 2015-1-28.
[29] 丁丽. 中国农作物秸秆利用现状及对策[J]. 河南农业, 2017, (1): 23.
[30] 谭微, 常江, 边智琦, 等. 玉米秸秆造纸工艺的分析研究[J]. 哈尔滨商业大学学报(自然科学版), 2015, 31(04): 458-459.
[31] 赵蒙蒙, 姜曼, 周祚万. 几种农作物秸秆的成分分析[J]. 材料导报, 2011, 25(16): 122-125.

第5章 秸秆基包装材料与应用

随着世界范围内物流行业的快速发展，全球每年需要的包装材料与容器消费超过9000亿美元，包装已经成为商品销售和世界贸易往来不可或缺的重要组成部分。自改革开放以来，中国包装工业产值以平均每14%的速度快速增长。据有关方面提供的数据显示，中国包装工业总产值从2003年的2300亿元，到如今已经突破2万亿元，其发展速度一直高于工业整体发展速度，在全体包装行业从业人员和国家政策的扶持鼓励下，中国逐渐成为包装大国。

据统计，中国每年至少可产生包装垃圾超过1亿t，目前使用的包装材料主要包括塑料、金属、纸及复合材料等。使用后的包装材料大量丢弃，不仅造成了回收利用困难，塑料及金属等包装制品因极难自行降解，也带来了严重的“白色污染”及环境危害，已成为亟待解决和处理的环境问题。另外，包装材料的开发与生产对木材资源依赖严重，而中国森林资源匮乏，导致材料供应和需求之间的矛盾凸显，使中国在包装材料的开发和利用环节出现较大的潜在风险。国际上，包装产业正在向绿色、环保方向发展，世界各国根据包装产生污染废弃物情况，建立了发展绿色包装的3R1D原则：一是尽量不用或少用包装；二是包装尽量再利用；三是包装材料可再循环；不能再循环利用的尽量使其生物降解，不能污染公共环境。

生态型包装材料通常具备生态友好的性能，其生产制作和开发利用可作为木材资源的有效补充。为了合理利用资源、保护环境，提升现有包装材料的生态环保性能，开发环境友好、资源节约型的生态型包装材料已经成为了领域内重要的研究方向之一。在各类生态型包装材料中，农作物秸秆作为一种数量巨大且亟待利用的生物质资源，已显示出其显著的优越性。

将农作物秸秆应用于生态型包装材料的开发，不仅能帮助解决废弃秸秆焚烧所可能造成的环境问题，利用秸秆的纤维资源，减轻森林木材资源的负担，还可为生态型包装材料的开发提供参考。

5.1 秸秆发泡缓冲包装材料

缓冲包装又称防震包装，在各种包装方法中占非常重要的地位。产品从生产到使用需要经过一系列的运输、保管、堆码和装卸过程，并使其置于各种环境之中。在任何环境条件下，都会有力作用在产品之上，使之发生机械性损坏。为防止产品遭受损坏，应设法减小外力的影响，缓冲包装即可为减缓内装物受到冲击和振动，保护其免受损坏所采取的一定防护措施的包装。

目前应用最广泛的缓冲包装材料是泡沫塑料，其具有非常优良的缓冲性能，抗冲击吸收性强、弹性好，而且具有防潮和保温隔热的作用，因而得到广泛应用。泡沫塑料大多数属于一次性包装产品，用后即扔，不可回收，不易降解，是造成“白色污染”的主要原因，因此它的使用逐渐受到限制。目前，许多植物纤维类缓冲包装材料不断诞生，主要以农作物秸秆作为原料，经过发泡、压模和挤出等工艺后，制备出缓冲包装产品。这种绿色包装材料强度较低，但在应力较低的情况下，仍然具有一定的缓冲性能，其优点是废弃后不会造成环境污染且容易降解。

近几年，国外对农作物秸秆制备缓冲材料所采用的方法主要集中在使用无污染的发泡剂如水蒸气作为发泡介质，以植物纤维如废纸纤维、农业废弃物纤维与淀粉混合，混合物通过挤压机进行加工成发泡型圆柱颗粒，再以此颗粒作为原料在热模具内进行成型（图 5.1）。该种方法制备的缓冲包装材料过于致密，抗震耐冲击性能远远低于传统泡沫塑料材料。

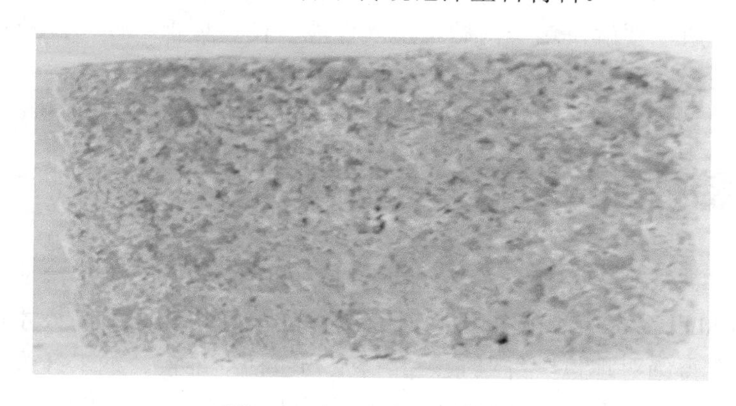

图 5.1　发泡材料的截面图

与此同时，国内一些高校、研究机构的学者开始对植物纤维类缓冲包装材料开展研究。以玉米秸秆髓部为原料，利用中性或碱性亚硫酸盐蒽酮法制备工业防震的缓冲包装产品，省去了发泡环节，并回收利用了造纸制浆废液，产品在低冲击载荷作用下，其缓冲作用较泡沫塑料低，但在高冲击载荷下，利用玉米秸秆髓部为原料制备的包装材料则具有更好的缓冲作用。制备缓冲包装材料的农作物秸秆纤维需经过粉碎、合模压成型、干燥等步骤，可用于填充包装容器的内部空隙，从而起到限位隔离和缓冲的作用。通过对以小麦秸秆作为主要材料研发的缓冲包装材料进行静态压缩，通过蠕变松弛等力学实验后发现，小麦秸秆缓冲包装材料的应变曲线与泡沫塑料较接近，且动态缓冲曲线与其它缓冲材料曲线形状类似。有研究者将水稻秸秆与淀粉按照一定比例进行配比后制备缓冲包装材料，发现此类包装材料能够显著增强其抗压性，可代替泡沫填充物开发缓冲包装材料。研究人员利用玉米秸秆作为主要原材料，添加可食用淀粉、发泡剂、聚乙烯醇等，经过NaOH预处理等工艺后，制备了可部分代替泡沫填充物的缓冲包装材料。北华大学时君友教授团队利用葵花杆芯、玉米淀粉和聚乙烯醇制造可降解包装材料。

由现有研究分析可知，农作物秸秆缓冲包装材料的开发，可以部分取代此前用于填充的泡沫塑料等白色污染物，减少缓冲包装废弃物对环境造成的危害。此外，农作物秸秆缓冲包装材料可以循环使用，可部分取代不可回收的非纸质包装。现有的力学测试结果表明，秸秆缓冲材料的缓冲性能较泡沫塑料而言仍有一定差距，还需在后续不断进行优化和改进。新材料的产业化迫切需要新的生产工艺代替已成熟的传统生产工艺，这是需要很长时间的转变过程的。所以要解决这一问题，发展性能优良、环保、便于产业化的缓冲包装材料是今后发展的必然趋势。

5.2 秸秆纤维素膜包装材料

在塑料被大规模应用之前，几种纤维素及其衍生物已被广泛应用在多个领域。自20世纪60年代起，塑料具有的优越性能和低成本优势才使其在工业领域中取得绝对地位。纤维素及其衍生物包括纤维素、纳米纤维素及纤维素衍生物，因其可再生、可降解性能在包装材料中具有广阔的应用前景。

研究人员通过研磨和高压均质联合机械处理的小麦秸秆和杨树残留物，以获得的纳米纤维素为构建单元，制备了具有高透光率（高达90%）和高机械强度（拉伸强度高达110MPa）的亲水性纳米纸。通过在纳米纸中加入纳米二氧化硅进行进一步杂交，然后进行疏水处理，构建了透射率超过82%，水接触角约为102°的疏水纳米纸，性能上可以取代透明塑料膜，并在食品包装、农业薄膜等领域潜力巨大。

有研究发现，利用超声波与加热处理相结合的方法及机械除颤工艺，从农业废弃物水稻秸秆中获得了纤维素超细纤维，并以3wt%的最佳含量将其掺入淀粉基质中，有效地提高了干热改性淀粉膜的防水能力和拉伸强度，使其成为食品保鲜包装材料的良好基材。

有人以小麦秸秆为原料，采用对甲苯磺酸水滑石与超声波相结合的方法制备了含木质素的纤维素纳米纤维。将5wt%的纳米纤维引入聚乙烯醇基质中，所制备的复合材料，除断裂伸长率略有降低外，拉伸强度和杨氏模量均显著提高，同时，复合材料的耐热性和表面性能也得到了极大改善，生物降解性良好，可用于制造多种环保包装材料。

有人在60℃的温度下对小麦秸秆（WS）进行化学处理，有效地提高了纤维素的敏感区域，增强了其与高分子聚合物的黏附性。并采用溶液浇铸法制备了聚苯乙烯（PS）（60wt%）/WS（40wt%）、PS（60wt%）/氢氧化钠处理WS（40wt%）、PS（60wt%）/盐酸处理WS（40wt%）和PS（60wt%）/硫酸处理WS（40wt%）复合膜，研究发现化学处理的生物质基聚合物复合薄膜比用纯聚合物或未处理秸秆制备的薄膜的机械稳定性有大幅提高，其中经过碱处理的秸秆基复合膜具有较低的CH亲和力、良好的界面相互作用和热稳定性，PS/NaOH处理WS的薄膜疏水性、机械稳定性更好，适于合成各种可生物降解的工业绿色包装复合膜材料。

采用大豆秸秆结晶纳米纤维素和双乳液负载明胶或壳聚糖，制备柔性纳米复合膜用以食品包装。具有机械强度高、水蒸气阻隔性能强及优异的UV/VIS光阻隔性能等。此外，这些薄膜是活性材料，对食品中常见致病菌的生长具有抗菌作用。

有人通过固态剪切铣削工艺将小麦秸秆分离成含有纤维素的带状纳米纤维的秸秆粉末，其热稳定性保持不变，但原纤维素的结晶指数下降。继续通过该工艺制备秸秆含量为10～40wt%的聚乳酸/小麦秸秆复合材料（如图5.2），测试结果显示，复合材料具有良好的秸秆分散性，纤维素纳米纤维的厚度只有几十纳米，宽度只有几百纳米，长度只有几千纳米。这种聚乳酸/麦秸复合材料的结晶速度快于1min，结晶度高，缩短了成型时间，且在弯曲模量上显著增强，具有较高的水蒸气渗透性，可达到具有高透气性食品包装标准的要求，是环保型包装材料的优良基材。

有人研究开发了一种从虾壳废料中提取壳聚糖和从水稻秸秆中提取纤维的方法，以成功制备可生物降解的复合薄膜材料（如图5.3）。通过添加25%和35%的水稻秸秆和纳米纤维，复合薄膜获得了良好的力学、热学性能。在

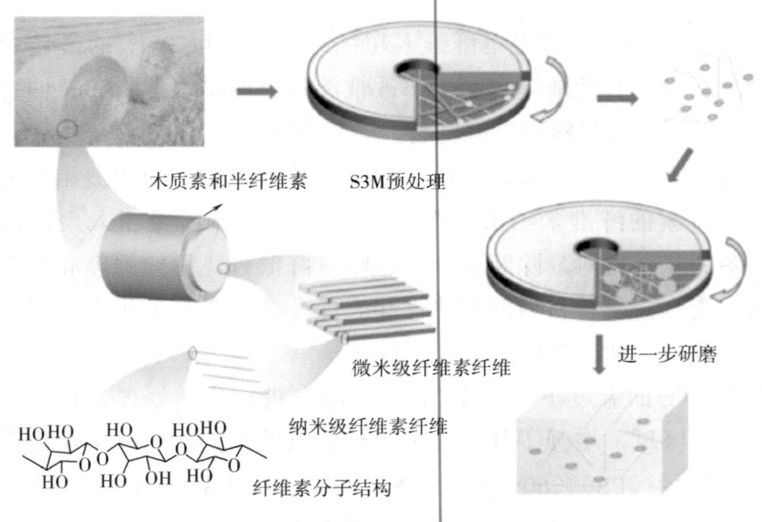

图5.2　小麦秸秆复合材料制备工艺示意图

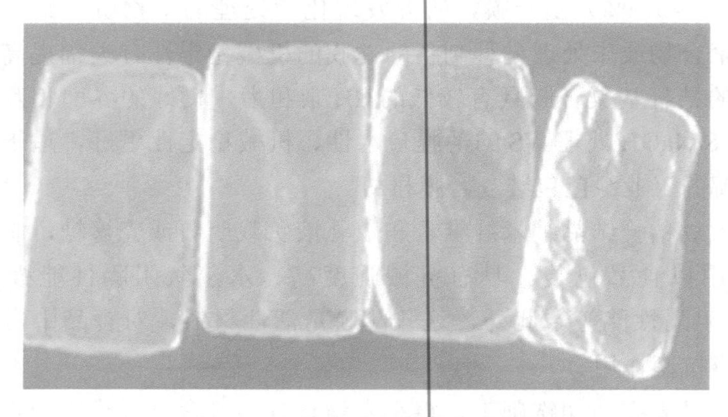
图5.3　可生物降解复合薄膜材料

这一过程中，纳米纤维与壳聚糖通过化学键相互作用并形成交联链来有效提高机械强度，纳米复合薄膜材料的机械强度达到最高，与此同时，薄膜的生物相容性是其在食品包装领域的有利特性，可作为生物降解型的食品包装袋基材。

有人用从玉米秸秆中分离出不同长度和直径及中等结晶度纤维素纤维，使之与淀粉复合制备膜材料，随着玉米秸秆纤维素纤维的加入，拉伸强度和杨氏模量有所增加，吸湿性能和单层含水量略有降低，是十分优良的生物降解包装材料。

采用秸秆纤维提取新工艺生产的可降解秸秆汽车零部件包装内衬兼顾防护、成本、装卸、物流和原材料采购等多方面因素，简单实用、耐用防潮、安全可靠、性价比高、原料广泛，促进我国汽车行业积极健康发展，如图5.4。具有的优势：a.提升运输安全，节省物流成本。可降解秸秆汽车零部件包装内衬，可以有效提高产品运输的安全性，使产品经历长途运输也能安全运抵目的地。该产品有效提高集装箱及货车的装载率，以及空间利用率、仓储货架利用率等，从而节省运输和仓储成本；b.满足环保需求，扩大产能产量。该产品的原材料是秸秆纤维，100%环保，各项检测都符合标准，有利于产品的出口，也符合大家对产品环保越来越高的要求。该产品利用现代生产技术可实现高速、自动化大批量生产，对其它传统材料的更新换代地位明显；c.技术简单实用，原料来源广泛。该产品原材料来源广泛且价格相对稳定，比以发泡胶、EVA、吸塑等石油副产品为原料的传统汽车内包装价格更稳定。我国平均每年农作物秸秆产出量10.4亿t，原材料资源丰富，产品国产化程度高，实现汽车企业降本增效；d.进汽车行业积极健康发展。可降解秸秆汽车零部件包装内衬制品，由于每辆汽车需要的汽车零部件达到1万个左右，汽车零部件的包装需求量逐年攀升，该产品兼顾防护、成本、装卸、物流和原材料采购等多方面因素，促进我国汽车行业积极健康发展。

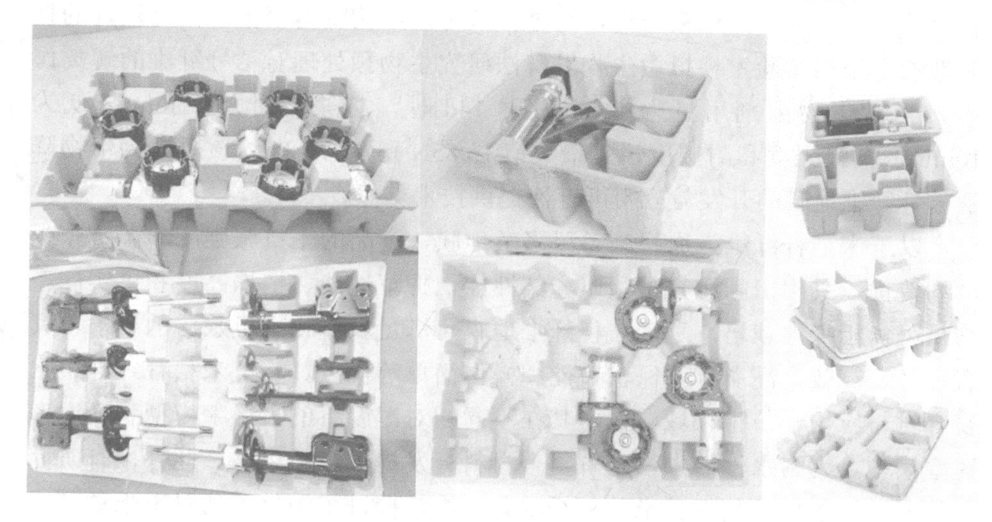

图5.4　可降解秸秆汽车零部件包装内衬

5.3 秸秆地膜材料

地膜在农业生产中被广泛应用，为农作物生长创造适宜的微环境，起到增温保墒、抗旱节水作用，且能抑制杂草生长，为提高作物质量和产量发挥重要作用。中国耕地面积只占全球耕地面积的7%，但每年使用地膜量为145万t，超过了整个欧洲、北美和中亚加起来的地膜使用总量，约占全球总量75%，是世界上地膜使用量最多、覆盖面积最大的国家。大部分地膜由聚乙烯制成，极难降解，给生态环境、农业可持续发展带来巨大隐患。利用农作物秸秆等植物纤维制备可降解生物地膜，因其具有抑制杂草、完全降解、保肥保墒、改善土壤生态环境和提高农产品品质等功能，已成为国内外研究热点。

秸秆纤维素、半纤维素与木质素通过分子链相互缠绕及氢键、化学键相互结合，具有结构复杂且紧密的三维空间网状特性，导致以秸为原料制备的地膜柔韧度较差。采用物理、化学、生物等预处理方法可有效打开纤维结构，使其更为松软，提高地膜柔韧度且能有效降低制浆能耗。其中机械、膨化、真空、微波等方法是目前常用的制备地膜的预处理方法。对甘蔗渣进行膨化处理后，使其纤维束分离，纤维被破坏，结构变得松弛，具有较好的打浆性能。采用实验室模拟微生物发酵法研究生物预处理对秸秆纤维的解离作用，当微生物菌剂用量为1%，发酵14d时，打浆耗时从35min降低为10min，抗张强度和耐破度达到最大值16.85N和67.63kPa。该研究为生物降解秸秆纤维地膜的开发与应用可行性提供技术支撑。

以玉米秸秆纤维为原料制备可降解地膜，产品的干抗张强度和湿抗张强度均较优，采用田间比较试验研究其性能，抑草性能、植株高度和果实产量均显著优于裸地栽培，玉米秸秆纤维地膜可满足农作物有机栽培的要求，具有高产、高效、高质、环保、节能和操作简单等优点。将玉米秸秆纤维增强复合材料应用于仿生领域，构建其在不同相对湿度下的吸湿率模型和吸湿率速率模型，为耐水性的生物降解复合材料开发提供了新思路。此外，有研究采用湿法纺丝技术制得玉米秸秆纤维素纤维，探讨了纺丝工艺对玉米秸秆皮纤维素纤维结构和性能的影响，并对其流变性能、织造性能、染色性能和超分子结构进行评价，为玉米秸秆纤维素在纺织领域的综合利用开辟了新途径。

5.4 秸秆-淀粉包装新材料

淀粉具有较强的胶黏作用，将其与秸秆以一定比例混合生产包装材料是当今包装新材料开发领域的重要研究方向。采用稻草、玉米秸秆与马铃薯淀粉作为主要原料，使用一次模压成型法制备淀粉-秸秆缓冲包装材料，该材料在使用后可埋入土中自行降解，还可为土壤中的微生物提供营养成分。

对不同秸秆与淀粉制备包装复合材料的力学性能进行研究，分析比较不同尺寸的秸秆纤维、不同类型淀粉对复合材料内结合强度、弯曲强度等力学性能的影响，发现淀粉基复合材料具备较高的弯曲强度和拉伸强度。利用水稻秸秆与玉米、木薯、豌豆三种作物淀粉进行配比，通过搅拌、模压成型等工艺制备新型包装材料，该材料的耐水性及导热性等综合性能均较优良。以稻草秸秆纤维和玉米交联淀粉作为主料，添加聚乙烯醇和羧甲基纤维素作为复合增强剂，以甘油作为增塑剂制备了包装复合膜，几种添加成分在配比合理的情况下，膜的拉伸强度及断裂伸长率均有所提高。

当然，秸秆与淀粉结合制作包装材料也存在一些不足。例如，秸秆-淀粉基包装材料的弹性变形范围与EPS等常用包装材料相比而言更窄，新材料的强度相比传统材料而言较为不足，未来需要从多个角度对纤维进行增强，并对淀粉和PVA的黏弹性的影响开展进一步的研究及优化。此外，在制作秸秆-淀粉包装材料的过程中，需要对材料的制备温度、塑化剂的添加量进行严格把控，以避免该环节错漏而导致的复合材料无法成型等问题。另外，秸秆与淀粉共混制备包装材料，普遍存在制作过程烦琐、使用性能较传统材料等问题。

5.5 秸秆木塑包装材料

木塑复合材料是木质包装的首选替代品，其中应用最广泛的是木塑托盘。木塑托盘是将农作物秸秆与废旧塑料按照一定比例混合，经过加工生产出的一种新型托盘。1998年美国、加拿大等国实施了新的进口商品包装检疫措施，极大影响了一次性木质托盘的应用，而木塑托盘因其强度高、韧性好、不变形、耐老化、可回收等优点，逐渐替代了木质托盘，欧洲和北美的木塑材料托盘已占近一半的市场份额。

木塑托盘在中国也具有极大的发展前景与空间，国内目前对木塑托盘这一行业非常重视，现阶段的研究多集中在加工工艺、力学性能、机械性能等方面，为木塑托盘行业的发展提供了坚实的理论依据。秸秆粉末等为强极性物质，PVC或PE回收材料为非极性物质，两者相容性较差，导致界面之间的胶合能力较差，因此需要加入适量的偶联剂与润滑剂，提高秸秆和塑料之间的结合力以增强木塑托盘的机械性能。制备木塑托盘的工艺流程如图5.5，利用热塑性塑料加热熔融，冷却后又恢复定型的特点，将处理后的秸秆粉末与废旧塑料混合，混合料加入挤出机料斗内熔融后挤出，熔好的混合物料在储料仓内加热保温，待储料量达到一个托盘后（通过储料仓压力控制），打开储料仓下端插板，液压机压出物料，由送料装置自动将物料坯送入冷压机模腔中，利用压机加压，在一定时间内保持适宜的压力，固化冷却后脱模即制得托盘成品。木塑托盘对原材料要求不高，可选用回收塑料、木材边角废料和农作物秸秆等废弃物，产品制作成本低，广泛适用于药业、化工、食品、建筑等行业的仓储和物流，同时在降低能耗及资源循环利用等方面有特殊的贡献。

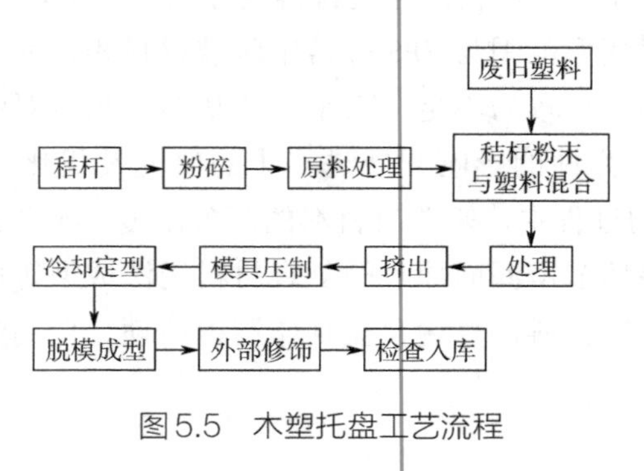

图5.5　木塑托盘工艺流程

包装箱的作用是便于运输装卸及储存，常使用木箱或瓦楞箱，但随着人们对包装箱质量及环保方面的要求越来越高，木塑箱逐渐发展起来。木塑包装箱以综合性能要求为依据，以功能化和复合化的木塑材料为原料，以经济实用为目的，并按此理念设计制造而成的新一代整体式包装器具。木塑包装箱能适应多性能要求下的各种恶劣环境，且使用与回收方便，有较好的通用性和复用性。

利用资源丰富的秸秆纤维制备复合材料是农作物可再生资源的一个重要研究方向，因此木塑复合材料作为一种低碳、绿色、环保、可持续发展等友好特性的新型复合材料而备受关注。木塑材料在包装领域的应用多集中在包装运输方面，但随着木塑复合材料制备工艺及改性方法的不断优化，木塑复合材料在包装领域必定能够获得更广泛的应用。

5.6 秸秆基包装材料的优势及不足

中国农作物秸秆产量巨大，目前尚无大量消耗利用的处理方式，将其应用于生态型包装材料的开发具有显著优势，不仅可充分利用秸秆资源，也符合中国农业循环经济与可持续发展的要求。利用农作物秸秆中的天然植物纤维制备的包装材料具备良好的生物降解性与环境友好性。在此类包装材料的开发过程中，添加黏合剂、淀粉等生物质可对材料进行改性和复配，在实验室层面制备具有良好机械性能的环保包装新材料。因此，农作物秸秆具备开发新型包装材料的潜质，具有一定的研究价值。

然而，秸秆的综合利用与开发也存在收集耗费资源较多的问题，制备处理流程较为复杂，秸秆中仍有大量无法被利用的成分，且这些成分尚无良好的分离和处理方式。此外，现有的农作物秸秆包装材料在性能上仍无法与传统的EPS泡沫塑料等材料相抗衡。未来，以农作物秸秆为原料制备新型包装材料，仍需不断调增配比，调整黏合剂、复配剂等的比例，从而筛选和制作具备较强实际使用性能和生态环保性能的新型包装材料。

参考文献

[1] 高德，孙智慧. 可降解缓冲包装材料的现状及发展前景[J]. 包装工程, 2002, 23(5): 141-144.

[2] 丁丽. 中国农作物秸秆利用现状及对策[J]. 河南农业, 2017, (1): 23.

[3] 谭微，常江，边智琦，等. 玉米秸秆造纸工艺的分析研究[J]. 哈尔滨商业大学学报(自然科学版), 2015, 31(04): 458-459.

[4] 刘军军. 稻麦秸秆和淀粉制备复合材料研究[D]. 南京农业大学, 2012: 122-123.

[5] 赵蒙蒙，姜曼，周祚万. 几种农作物秸秆的成分分析[J]. 材料导报, 2011, 25(16): 122-125.

[6] 陈洪雷，王岱. 玉米秸秆在制浆造纸工业中的应用研究[J]. 华东纸业, 2009, 40(05): 15-18.

[7] 李雅丽，杨珊，刘娟. 农作物秸秆纤维素含量的测定与分析[J]. 渭南师范学院学报, 2017, 32(04): 22-26.

[8] 杨金玲，陈海涛. 农作物秸秆在造纸工业的应用[J]. 黑龙江造纸, 2010, 38(01): 29-32.

[9] 郁青，何春霞. 淀粉/秸秆纤维缓冲包装材料的制备及其性能[J]. 材料科学与工程学报, 2010, 28(01): 136-139.

[10] 时君友，汤芸芸. 改性生物质玉米淀粉压制稻秸秆人造板的研究[J]. 南京林业大学学报(自然科学版),

2011, 35(02): 127-130.

[11] 侯人鸾，何春霞，于旻. 稻秸秆/玉米淀粉胶复合材料的制备及性能[J]. 合成材料老化与应用，2012, 41(02): 1-5.

[12] 吕铁庚. 稻秸秆/淀粉复合材料的制备及其性能研究[D]. 南京农业大学, 2014: 61-62.

[13] 高飞，张东杰，李志江，等. 玉米交联淀粉-稻草秸秆纤维复合膜的制备工艺参数及性能研究[J]. 黑龙江八一农垦大学学报, 2017, 29(02): 52-57.

[14] 张秀梅，徐伟民，张衡. 小麦秸秆缓冲包装材料的力学性能研究[J]. 包装工程, 2015, 36(07): 26-30.

[15] 黄力，尚大智，张丽. 秸秆材料在缓冲包装中的应用[J]. 中国科技信息, 2016, (10): 79-80.

[16] 高德，常江，巩雪. 玉米秸秆缓冲包装材料的研究[J]. 包装工程, 2007, 28(1): 27-29.

[17]李媛媛. 发泡植物纤维模压制品的关键生产技术研究[D]. 重庆：重庆工商大学, 2008.

[18] ZHANG Y N, LIU M J, DANNENMANN M, et al. Bebefit of using biodegradable film on rice grain yield and Nuse efficiency in ground cover rice production system[J]. Field crops research, 2017, 201: 52-5.

[19] GHIMIRE S, FLURY M, SCHEENSTRA E J, et al. Sampling and degradation of biodegradable plastic and paper mulches in field after tillage incorporation - ScienceDirect[J]. Science of the total environment, 2020, 703(10): 135577.

[20] 陈嘉川. 造纸植物资源化学[M]. 北京：科学出版社, 2012: 15-20.

[21] SUN E H, ZHANG Y, YONG C, et al. Biological fermentation pretreatment accelerated the depolymerization of straw fiber and its mechanical properties as raw material for mulch film[J]. Journal of cleaner production, 2021, 284(15): 124688.

[22] 张建兴，陈洪章. 秸秆醋酸纤维素的制备[J]. 化工学报, 2007, 58(10): 2548-2552.

[23] 韩永俊，陈海涛，刘丽雪，等. 水稻秸秆纤维地膜制造工艺参数优化[J]. 农业工程学报, 2011(3): 252-257.

[24] Tissot C, GRDANOVSKA S, BARKATT A, et al. On the mechanisms of the radiation- induced degradation of cellulosic substances[J]. Radiation physics and chemistry, 2013, 84: 185-190.

[25] ZHANG Y, HAN J H, KIM G N. Biodegradable Mulch Film Made of Starch- coated Paper and Its Effectiveness on Temperature and Moisture Content of Soil[J]. Communications in soil science & plant analysis, 2008, 39(7-8): 1026-1040.

[26] 庞志强，陈嘉川，杨桂花. 挤压预处理对制浆性能的影响[J]. 中国造纸, 2004(7): 10-13.

[27] KONG L, HASANBEIGI A, PRICE L. Assessment of emerging energy- efficiency technologies for the pulp and paper industry: a technical review[J]. Journal of cleaner production, 2016, 122(20): 5-28.

[28] 韩丹. 包装材料的使用与环境保护[J]. 艺术研究, 2017, (1): 155-157.

[29] TAN S S Y, MACFARLANE D R, UPFAL J, et al. Extraction of lignin from lignocellulose at atmospheric pressure using alkylbenzenesulfonate ionic liquid[J]. Green chemistry, 2009, 11(3): 339-345.

[30] BAJPAI P, MISHRA S P, MISHRA O P, et al. Biochemical pulping of bagasse[J]. Biotechnology progress, 2004, 20(4): 1270-1272.

[31] 刘军军. 稻麦秸秆和淀粉制备复合材料研究[D]. 南京农业大学, 2012: 122-123.

[32] 陈莉，刘玉森，刘冰，等. 稻秸秆纤维的形态结构与性能[J]. 纺织学报, 2015, 36(1): 6-10.
[33] 李雅丽，杨珊，刘娟. 农作物秸秆纤维素含量的测定与分析[J]. 渭南师范学院学报, 2017, 32(04): 22-26.
[34] 郁青，何春霞. 淀粉/秸秆纤维缓冲包装材料的制备及其性能[J]. 材料科学与工程学报, 2010, 28(01): 136-139.
[35] CHANDRA R P, WU J, SADDLER J N. The Application of fiber quality analysis (FQA) and cellulose accessibility measurements to better elucidate the impact of fiber curls and kinks on the enzymatic hydrolysis of fibers[J]. ACS sustainable chemistry & engineering, 2019, 7(9): 8827-833.
[36] 侯人鸾，何春霞，于旻. 稻秸秆/玉米淀粉胶复合材料的制备及性能[J]. 合成材料老化与应用, 2012, 41(02): 1-5.
[37] 梁玉芝. 半纤维素/壳聚糖复合膜的制备及性能研究[D]. 济南：齐鲁工业大学, 2015.
[38] 吕铁庚. 稻秸秆/淀粉复合材料的制备及其性能研究[D]. 南京：南京农业大学, 2014: 61-62.
[39] 高飞，张东杰，李志江，等. 玉米交联淀粉—稻草秸秆纤维复合膜的制备工艺参数及性能研究[J]. 黑龙江八一农垦大学学报, 2017, 29(02): 52-57.
[40] 张秀梅，徐伟民，张衡. 小麦秸秆缓冲包装材料的力学性能研究[J]. 包装工程, 2015, 36(07): 26-30.
[41] 黄力，尚大智，张丽. 秸秆材料在缓冲包装中的应用[J]. 中国科信息, 2016, (10): 79-80.
[42] Y. Qi, H. Zhang, D. Xu, Z. He, X. Pan, S. Gui, X. Dai, J. Fan, X. Dong, Y. Li, Screening of Nanocellulose from Dierent Biomass Resources and Its Integration for Hydrophobic Transparent Nanopaper. Molecules. 25(1), 2020, 227.
[43] P. A. V. Freitas, C. I. L. F. Arias, S. Torres-Giner, C. González-Martínez, A. Chiralt, Valorization of Rice Straw into Cellulose Microfibers for the Reinforcement of Thermoplastic Corn Starch Films. Appl. Sci. 11 (18), 8433, (2021).
[44] 吴述平. 半纤维素-壳聚糖基生物功能材料及其应用[D]. 武汉：武汉大学, 2014.
[45] S. Dixit, V. L. Yadav. Comparative study of polystyrene/chemically modified wheat straw composite for green packaging application. Polymer Bulletin. 77(3), 1307-1326 (2020).
[46] 裴继诚. 植物纤维化学[M]. 北京：中国轻工业出版社, 2014.
[47] A. Elhussieny, M. Faisal, G. D'Angelo, N. T. Aboulkhair, N. M. Everitt, I. S. Fahim, Valorisation of shrimp and rice straw waste into food packaging applications. Ain Shams Engineering Journal. (11), 2020, 1219-1226.
[48] G. C. Lenhani, ·D. Fernando dos Santos, D. L. Koester, B. Biduski, ·V. G. Deon, M. M. Junior, · V. Z. Pinto, Journal of Polymers and the Environment. 29(9), 2021, 2813-2824.
[49] Zhang Y N, Liu M J, Danneamann M, et al. Bebefit of using biodegradable film on rice grain yield and Nuse efficiency in ground cover rice production system[J]. Field crops research, 2017, 201: 52-59.
[50] 林妲，彭红，余紫苹，等. 半纤维素分离纯化研究进展[J]. 中国造纸, 2011, 30(1): 60-64.

[illegible]

[illegible] Approaches [illegible] and [illegible] in [illegible] 2019 [illegible]

[illegible]

[illegible] Zhang [illegible] [illegible] Composites [illegible]

[illegible] [illegible] Chinese [illegible] Soc [illegible]

[illegible]

[illegible] application [illegible]

[illegible]

[illegible] Zhang [illegible] ground cover [illegible] production [illegible] Field crops research [illegible]

[illegible]

第6章
秸秆基吸附材料与应用

工业、农业和日常生活造成的水体污染已成为水生生态系统面临的严重问题，并对人类健康造成了威胁。从废水中去除重金属、染料、药物、杀虫剂、苯酚和其它污染物对于确保安全环境是十分必要的。为此，人们使用了包括化学沉淀、吸附、离子交换、膜过滤和生物降解等各种方法，其中吸附法因其装置简单、操作灵活和设计简便而广泛应用于水污染控制。

生物质炭作为一种新兴的绿色材料，被认为是一种很有前途的吸附材料。生物质炭是在氧气有限的环境中，以富含碳的生物质为原料，通过热解过程产生的含碳残渣。生物质炭在生态圈中无处不在，并与许多污染物相互关联。它可以调节污染物在环境中的迁移、归宿和生物利用度，如重金属离子可以依靠电子吸引力吸附在炭材料表面上。在生物炭和活性炭上发现了类似的参数，如高微孔率、表面不均匀性和表面积，然而，生物炭可以直接改性为吸附剂，有时无需对其表面进行热或化学改性，如活性炭。这归因于生物质炭的各种物理、化学和机械特性。

通过高温热解制备秸秆活性炭（AC）吸附材料也是秸秆利用的重要途径，可以有效减少废弃秸秆对环境污染，其利用价值高于单纯的秸秆燃烧。与其它利用方式相比，秸秆热解制备的活性炭可在短时间内处理大量秸秆，产品可长期储存，这对于有效解决秸秆焚烧造成的环境污染更有利。秸秆活性炭可以达到木质活性炭的吸附标准，是可持续利用的良好材料。棉秆和大麻秆制备的活性炭具有的比表面积较大，向日葵秆和大麻秆制备的活性炭具有较高的总孔体积。为了提高活性炭的质量，在制备秸秆活性炭时，各种复合活化剂的效果均优于单一活化剂。优化秸秆活性炭的制备条件，对提高秸秆活性炭的质量，扩大秸秆活性炭的应用范围具有重要意义。

6.1 污染物类型

6.1.1 金属离子

金属离子被认为是最危险的污染物之一，因为它们即使在极低剂量下也具有很高的毒性、生物累积性和稳定性，此类污染物主要存在于电镀、电子和化学工业的废水中。金属离子易于在人体内积聚，从而导致身体出现各种疾病和系统紊乱。例如，高剂量的铜会损害人体肾脏和肝脏，并可能影响肺部正常呼吸。金属镉会导致人类癌症、肾病和骨损伤。铬接触可产生鼻刺激和皮肤溃疡。镍会导致鼻癌、骨癌、头痛、胸痛和心痛等疾病。铅中毒会引起大脑和肾脏受损，也会导致高血压。铀U（VI）等放射性核素主要来自采矿和核废物处理过程，由于其较强的毒性和放射性，会对人类造成几十年的持续伤害。

6.1.2 染料

染料是一种复杂的有机化合物，广泛用于化妆品、纸张、药品、皮革、塑料和纺织行业的不同产品着色。因此，这些行业的废水中含有大量染料污染物。此类污染物具有较强的毒性及致癌性，因此对人类和水中生物均会产生不良影响。通常，染料分为阳离子染料、阴离子染料和非离子染料。大多数染料为阳离子或阴离子型，可溶于水，只有少数染料为非离子型/分散型。常见的阳离子（碱性）染料有亚甲基蓝（MB）、孔雀绿（MG）和结晶紫（CV）。阴离子染料包括直接染料、活性染料和酸性染料，主要为刚果红（CR）和甲基橙（MO）。目前研究最多的染料是MB，其次是MO、CV和其它。MB是一种剧毒染料，即使用量较低，对生态系统也有很大的破坏作用；MO具有毒性和致癌性，可引起皮肤和眼睛刺激等问题，从而影响人类健康；CV对水生生物有极高毒性，可能对水体环境产生长期不良影响，对眼睛有严重伤害，少数报道有致癌后果，可导致瘫痪和心脏病。

6.1.3 其它污染物

污染物除金属和染料外，还包括抗生素、除草剂、氯酚类污染物和油等。抗生素通常用于治疗人类和动物的微生物感染，具有促进动物生长、提高喂养效率的作用。因此，抗生素广泛存在于水环境和自然生态系统中，泰乐菌素和环丙沙星分别是大环内酯类和喹诺酮类抗生素，水生系统中抗生素的存在可导致对抗生素具有耐药性的新型细菌的出现。磺酰脲类除草剂，如氯磺隆，被用于控制杂草生长，这些除草剂可以到达各种水生系统。除草剂是一种高度植物毒性物质，也可对人体产生不良影响，如引起尿路结石等。氯酚类物质由于其致癌毒性、稳定性和低生物降解性而被认为是优先污染物。氯酚主要存在于石化、塑料、造纸、纺织等大多数行业的废水中，可极大影响人体的呼吸系统和神经系统。油是一种在水中亲和力很低的有机物质，因此，即使是最薄的一层油也会降低水中的光和氧含量，从而影响水生生物。无机阴离子，如磷酸盐和硝酸盐，是生物体的基本营养素，在生物体的生长和能量供应中起着重要作用。在畜牧业、工业和农业活动中广泛使用硝酸盐和磷酸盐往往会导致过量营养物质排放到环境中，从而导致水体的富营养化。

吸附是一种处理废水行之有效的方法，因为它易于操作，副产物少，且成本较低。吸附系统的性能主要与吸附容量有关，而吸附容量又受吸附剂的孔隙、表面特征及吸附条件的影响。通过化学改性方法制备秸秆基炭材料吸附剂，该吸附剂具有高吸附能力、良好的多孔性和功能结构及优异的稳定性和可重复使用性。

6.2 生物炭材料的基本特性

自然界中的生物质原料千差万别，其自身的元素组成、孔隙结构、官能团数量也各不相同。因此，由不同生物质原料制备的生物炭材料，其自身的物理、化学特性将产生较大差别。

6.2.1 生物炭的元素组成

研究表明，由植物制备的生物炭，主要含有C、H、O、N等元素，随着制备温度的提高，生物炭中的C含量会随之增多，H和O的含量随之下降。生物质原料成分及制备温度决定了生物炭的元素组成及含量。此外，植物在生长过程中可能会吸收环境和土壤中的不同元素，导致生物炭除了含有C、H、O、N等基本元素外，还存在如磷（P）、镁（Mg）、硫（S）、钾（K）、钠（Na）、硅（Si）等特殊元素。例如，稻壳制备的生物炭中除包含基本元素外，还含有Mg、S和Si等组分。当这些富含特殊元素的生物炭用于土壤还田后，对某些特定植物会有促进生长的作用。

与植物生物质炭不同，由于固体废弃物污泥制备的生物炭有机物含量较低，同时生物炭中的C含量会随着热解温度的升高逐渐下降。例如，当热解温度升至400℃、450℃、500℃、550℃和600℃时，污泥的含C量由初始的

28.3%分别降至22.8 %、20.9 %、20.2 %、20.6 %和19.2 %。同时，污泥制备的生物炭中通常会含有一些重金属污染物质，如Fe、Pb、Ni、Zn、Cd和Cu等。不同生物质制备的生物炭材料元素含量见表6-1。

表6.1 生物炭的元素组成（C、H、N除外） 单位：mmol/kg

类别	生物炭	C%	H%	N%	P	Ca	Mg	Fe	K	Zn	Cu	Mn
植物类	玉米秆	56.8	4.91	1.41	24.4	57.0	19.9	14.7	786	0.99	0.17	1.29
	麦秆	58	4.13	0.59	23.7	167	81.1	9.30	735	0.91	0.11	1.18
	青草	60	2.83	2.53	190	858	145	23.3	865	0.13	0.45	1.98
固体废弃物	猪粪	19.1	2.00	1.96	208	721	971	50.6	76.5	18.6	12	8.00
	污泥	26.3	2.31	2.76	921	1710	280	411	21.1	8.53	5.9	8.18
	蛋壳	13.4	0.85	0.35	57.0	5160	64.9	17.6	190	0.09	0.16	0.18

6.2.2 生物炭的pH值

不同的生物炭的pH值不同，但总体呈碱性。有研究表明秸秆生物炭pH值大多数为8～11。虽然制备生物炭的原料不同、热解温度也不尽相同，但其pH值大多数维持在8～11，平均pH值约为9.15。但同时，也有人发现随着温度的升高，生物炭的pH逐渐升高。例如，利用凤眼莲、稻草秸秆和污泥制备生物炭时，温度从250℃提高到400℃，生物炭的pH值分别从7.2、6.6和8.4升高至10.5、9.8和12.9。生物炭的灰分量与生物炭pH值也有一定关系。由于生物炭中灰分含量较高，而灰分中含有部分SiO_2以及Fe、Al、Mg等氧化物及碱土金属的碱式磷酸盐，碱性灰分物质高的生物炭pH值较高。

6.2.3 生物炭的表面化学性质

生物炭表面含有大量的含氧、氮的官能团，主要包括羧基、酚羟基、苯环、羰基、脂族双键等主要官能团。不同的官能团可以与特定的污染物结合，从而提升吸附效率。这些含氧官能团使生物炭对污染物有良好的吸附特性、亲水或疏水的特点及对酸碱的缓冲能力。

6.2.4 生物炭的孔隙结构

生物质原料在生长过程中形成了各自特殊的孔道结构，而孔道之间的相互堆叠程度决定炭的比表面积，人工制备炭材料是为了获得更为优良的孔隙结构，增大炭材料的比表面积。热解温度是影响生物炭孔道结构和比表面积的重要因素，热解温度较低时，可以保持生物质良好的孔道结构，但其中的易挥发成分难以全部清除，导致生物炭的孔道结构不能完全形成和孔道堵塞。当热解温度过高时，容易形成材料孔道塌陷，反而降低了生物炭性能。因此，适宜的热解温度对制备活性炭及其性能具有重要作用。例如，利用玉米秸秆制备生物炭，随着热解温度从400℃升高到600℃，生物炭的比表面积从38.19m^2/g增加到320.05m^2/g，当温度继续升高时，比表面积反而会呈现下降趋势。可能因为当温度继续升高时，挥发性气体将继续拓宽孔道，导致小孔变为中孔，中孔变为大孔。而比表面积主要由微孔数量决定，由此导致比表面积变小和孔道结构的变化，表6.2所示为生物炭的比表面积和孔道结构。

表6.2　生物炭的比表面积和孔道结构

类别	生物炭	比表面积/（m^2/g）	总孔容积/（m^3/g）	平均孔径/nm
植物类	玉米秆	43.5	0.040	3.72
	麦秆	33.2	0.051	6.10
	青草	3.33	0.010	11.9
固体废弃物	猪粪	47.4	0.075	6.35
	污泥	71.6	0.06	3.37
	蛋壳	13.3	0.039	11.6

6.3 秸秆改性方法

秸秆中主要含有纤维素、半纤维素和木质素，纤维素是一种线性聚合物，由葡萄糖单元通过β-（1-4）糖苷键连接而成，半纤维素是由短糖链组成的支化聚合物，木质素是一种含有大量芳香单元的复杂聚合物，这些聚合物相互结合形成木质纤维素的主要结构（如图6.1）。由于季节和区域差异，不同秸秆及同一种类秸秆的组成存在着较大差异。一般来说，农作物秸秆木质纤维素的含量约为30%～50%的纤维素、20%～30%的半纤维素和10%～20%的木质素，纤维素含量均高于半纤维素和木质素，木质纤维素富含羟基、羧基、羰基等反应性基团，因此制备的炭材料适合应用于吸附领域。

由秸秆制备的炭吸附材料存在吸附能力较低和不易向水中释放可溶性有机物质的缺点，因此限制了秸秆制备吸附材料的应用。对秸秆进行改性处理可有效改进这些缺点，从而提高秸秆基炭材料的吸附性能。常用的改性方法有酸法、碱法、酯化法、醚化法、表面活性剂法、磁性法等及其组合方法。改性技术被用来改善秸秆的物理、化学和生物特性，提高吸附材料的吸附容量，一般来说，化学改性方法应用较多，因其反应速度相对较快，能耗较低，广泛用于秸秆等农业废弃物的改性。作物秸秆具有良好的木质纤维结构，即高纤维素含量并富含羟基，使秸秆易于进行化学改性。利用化学改性和修饰可以通过改善表面官能团和增加结合位点的数量来优化秸秆的特性。

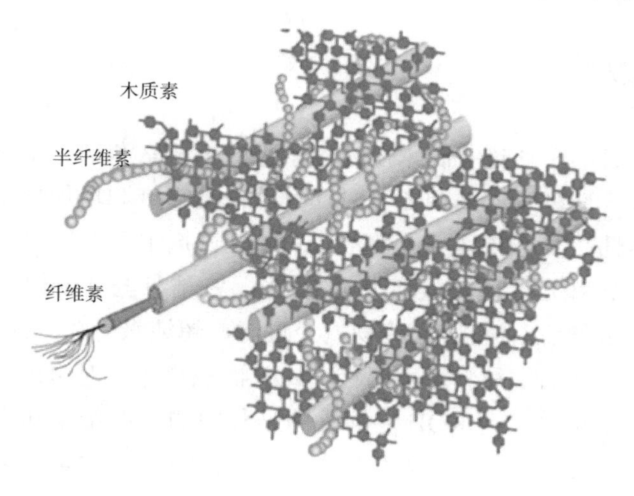

图6.1　木质纤维素的结构组成

6.3.1　酸改性

酸改性的主要作用是通过去除矿物杂质来提高酸性官能团的含量。用于农作物秸秆改性的常用酸性试剂为HCl、H_2SO_4、HNO_3和H_3PO_4。在此背景下，Balarak等人将水稻秸秆与0.1mol/L HCl溶液混合5h，后用蒸馏水冲洗，然后在阴凉处干燥。酸改性处理后的水稻秸秆傅里叶变换红外光谱（FTIR）

显示，改性秸秆吸附2-氯酚后，其强度发生了移动和显著变化，表明C—O基团在很大程度上参与了去除污染物的过程。利用1mol/L HCl处理大麦秸秆可将矿物质（如铝、磷、锰、铜、锌）的含量从9.80%大幅降低至2.28%，可将这些元素对目标污染物镍离子吸附的不利影响降至最低。通过在50℃下用1mol/L HNO_3处理玉米秸秆2h，然后对样品进行冷却和排水，用蒸馏水冲洗至pH值恒定，获得改性玉米秸秆，最后，湿秸秆在50℃的烘箱中脱水24h。经HNO_3改性后，玉米秸秆的C—H、O—H和C—O基团的强度显著增加。实验证明，改性玉米秸秆对铜离子的吸附性能是对照的2.8倍。在150℃下对棉秆进行H_3PO_4改性8h，可使棉秆的酸性基团含量增加约4倍，碳含量增加40%。改性秸秆的孔结构显示其比表面积为7.269m²/g，红外光谱显示其存在P—O基团，经吸附实验证实H_3PO_4改性后，水稻秸秆吸附剂对亚甲基蓝（MB）染料的性能提高了50%左右。

6.3.2 碱改性

碱改性的目的是通过去除木质纤维素中的木质素和部分半纤维素来增加炭材料表面积。此外，碱处理还可以通过降低结晶度和增加羟基强度来增强材料的表面活性。农作物秸秆改性常用的碱性试剂主要有NaOH和KOH。使用KOH对小麦和玉米秸秆进行化学改性，将秸秆与4mol/L KOH溶液在100℃下混合2h，然后使混合物冷却，经过滤、超纯水清洗，并在105℃条件下进行干燥。改性后的秸秆表面粗糙，比表面积增大，对绿磺隆类除草剂具有较高的吸附性能。这与KOH能够去除秸秆中的半纤维素和木质素作用密切相关，经FTIR光谱测试发现改性秸秆的—COO基团数量显著降低，该基团对应于半纤维素或木质素的羧酸衍生物和羧酸酯。此外，观察到C—O—C基团的强度增加，可能归因于纤维素的连接所致。经碱处理秸秆表面进行了两个主要过程，包括（i）游离羧基中和与（ii）羧酸衍生物和羧酸酯在碱性介质中水解，反应式如下：

$$R\text{–}COOH + KOH \longrightarrow R\text{–}COO\text{–}K + H_2O \qquad (i)$$

$$R\text{–}COO\text{–}R' + KOH \longrightarrow R\text{–}COO\text{–}K + R'\text{–}OH \qquad (ii)$$

与KOH相比，NaOH对小麦秸秆的改性效果更为有效。KOH和NaOH改性后秸秆的比表面积分别是原秸秆的5倍和7倍。这表明NaOH能显著影响秸秆中木质素的结构，使较复杂的木质素形态转变为较简单的木质素形态，并在碱溶液中溶解。与原生秸秆相比，改性秸秆的扫描电子显微镜（SEM）形貌显示出撕裂和断裂的结构，且表面粗糙。秸秆原料的FTIR光谱显示，其主要包含的O—H、C—O和C—H基团改性后，C—O和C—H基团消失，表明木质素被降解。研究结果显示，KOH和NaOH改性秸秆对镉离子的吸附性能分别为76%和96%。

6.3.3 酯化改性

酯化反应是木质纤维素中的羟基与各种有机酸或酸酐反应形成酯并引入新的功能性羧基，这种改性方法可显著改善吸附材料的释放性能、机械强度及亲水性或疏水性。最常用的酯化剂是柠檬酸、草酸、酒石酸和琥珀酸酐，其中柠檬酸是应用最广泛的农作物秸秆改性剂。将磨碎的小麦秸秆添加到0.6mol/L柠檬酸溶液中，麦秆与柠檬酸的质量浓度比例为1∶12，在20℃下搅拌0.5h。将获得的浆液放在托盘上，在50℃的烘箱中脱水24h，然后在120℃下进行酯化反应1.5h。冷却后，用蒸馏水冲洗改性秸秆，直到完全去除多余的酸并过滤。将残渣加入0.1mol/L NaOH中搅拌1h，用蒸馏水洗涤除去多余的碱，然后在50℃下干燥脱水24h。小麦秸秆的柠檬酸改性如图6.2所示。纤维素的羟基与柠檬酸酐反应形成酯键，同时将羧基引入秸秆结构中，所得酸改性麦秸的FTIR光谱显示出丰富的O—H基团，并且羧酸的C—O和C═O基团的强度增加。因此，改性秸秆比未改性秸秆具有更多的羧基，改性秸秆的羧基和羟基可以脱去质子，进而有效地吸附金属离子和阳离子染料。

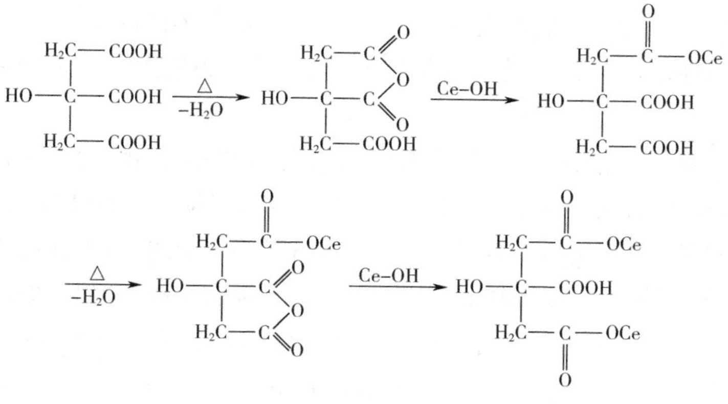

图6.2 纤维素和柠檬酸之间的酯化反应

柠檬酸改性的大麦秸秆也有类似的实验结果。改性后的大麦秸秆羧基含量从4.00mmol/g提高到6.60mmol/g，因此，改性大麦秸秆对铜离子的吸附性能是原秸秆的6.8倍，处理后大麦秸秆的羧基对铜离子吸附起主要作用。采用酒石酸和柠檬酸对芝麻秸秆进行酯化反应，将秸秆添加到0.4mol/L柠檬酸或0.7mol/L酒石酸中，并加热至70℃ 2h，将所得样品过滤后，残渣在70℃下干燥脱水16h并粉碎，在120℃下酯化反应3h。然后，用0.05mol/L $NaHCO_3$和去离子水多次洗涤产品并过滤，在70℃下干燥脱水过夜。原生秸秆、酒石酸改性秸秆和柠檬酸改性秸秆的羧基含量分别为10.91cmol/kg、17.46cmol/kg和72.61cmol/kg。

因此，与原生秸秆相比，改性秸秆上的羧基数量显著增加，柠檬酸改性秸秆的羧基含量高于酒石酸改性秸秆。与酒石酸相比，柠檬酸在秸秆酯化反应中的高活性可能与柠檬酸比酒石酸具有更多的羧基有关，进而导致其与生物质的结合更加紧密。因此，柠檬酸改性秸秆的碳和氧含量分别为51.22%和45.13%。柠檬酸改性秸秆对MB染料的吸附性能是酒石酸改性秸秆的2.3倍左右，而柠檬酸改性秸秆的吸附性能是原秸秆的3.8倍。FTIR光谱表明，羧基在染料吸附后消失，这说明羧基在吸附过程中起了重要作用。

6.3.4 醚化改性

醚化反应主要是取代木质纤维中的羟基氢来生成醚。最广泛采用的醚化方法是利用环氧氯丙烷和木质纤维素在*N*，*N*-二甲基甲酰胺（DMF）溶剂中反应，然后与胺（三乙烯三胺、二乙烯三胺（DETA）和乙二胺（EDTA））结合形成醚化结构。其它醚化剂如一氯乙酸和3-氯-2-羟丙基三甲基氯化铵可直接用于改性。醚化改性处理可将新的季铵、羧酸或羧酸官能团赋予木质纤维结构中。

目前，农作物秸秆已广泛采用环氧氯丙烷和胺进行改性。将生麦秸分别添加到10mL和9mL环氧氯丙烷和*N*，*N*-二甲基甲酰胺（DMF）中，并将样品加热至85℃ 1h，然后将样品与3mL EDA混合，在85℃下搅拌45min，然后在85℃下搅拌2h，接枝9mL三乙胺。用蒸馏水冲洗产品以去除多余的化学品，过滤，并在60℃下脱水12h。改性秸秆的BET面积为5.3m^2/g，而原生秸秆的BET面积为6.5m^2/g，表面积的轻微下降可能是由于改性剂接枝在秸秆结构上，从而收缩了内部孔道。改性秸秆和原生秸秆之间碳、氢和氮等元素含量的变化证实了这一发现，与改性秸秆的6.2%N、42.14%C和8.11%H相比，原料的元素分析显示N含量为0.35%，C含量为41.13%，H含量为7.78%。改性后C、H含量变化不大，氮含量从0.35%提高到6.20%，表明改性秸秆中接枝了更多的氨基。改性秸秆对磷离子和铬离子的吸附性能分别是原秸秆的38.3倍和2.8倍。

利用类似的醚化反应，采用DETA作为改性剂制备秸秆基吸附材料，改性秸秆和原生秸秆的比表面积分别为5.52m^2/g和11.31m^2/g，改性后的比表面积下降可能是由于氨基的接枝反应造成的。改性秸秆的孔径（3.112nm）比未经处理的秸秆（4.420nm）小，证实了氨基接枝到秸秆上后，孔隙会被堵塞和变窄。原生秸秆对铬（VI）和镍（II）的吸附效率分别为25%和22%，改性秸秆对铬（VI）和镍（II）的吸附效率分别为62%和54%。胺基的存在提供了比原秸秆更多的吸附位点，可能是改性秸秆具有较好吸附效果的原因。

如图6.3所示对玉米秸秆进行醚化改性。首先，秸秆中的羟基与环氧氯

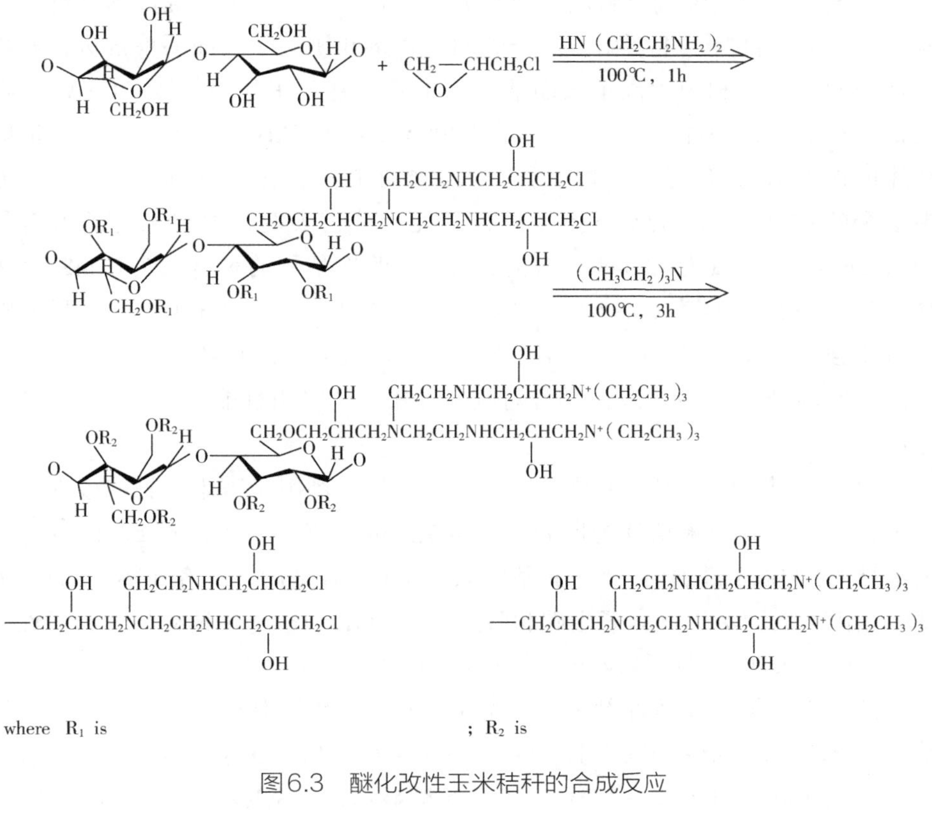

$HN(CH_2CH_2NH_2)_2$, 100℃，1h

$(CH_3CH_2)_3N$, 100℃，3h

where R_1 is ; R_2 is

图6.3　醚化改性玉米秸秆的合成反应

丙烷交联形成环氧醚，DMF作为有机介质，增加了环氧氯丙烷环与秸秆羟基之间的交联度，然后，在过量的环氧氯丙烷存在下，环氧醚与DETA反应，三乙胺与DETA的另一氨基反应。改性秸秆的比表面积为$4.4m^2/g$，原生秸秆的比表面积为$6.7m^2/g$，改性秸秆的FTIR分析显示了C—H、N—H和C—N基团，玉米秸秆醚化后对铬（VI）的吸附率从35%提高到99%。改性秸秆的光谱显示，在吸附铬（VI）后，酰胺基的位移和强度发生变化，这证实了它在吸附过程中的重要作用。

6.3.5 表面活性剂改性

表面活性剂是由亲水基团和疏水基团组成的具有两亲结构的化合物。表面活性剂分为阳离子、阴离子、非离子和两性。例如十六烷基三甲基溴化铵和十六烷基氯化吡啶属于阳离子表面活性剂，十二烷基硫酸钠属于阴离子表面活性剂。表面活性剂能够改善材料表面的疏水性，还可以提高木质纤维结构的孔性能。目前，主要用阳离子表面活性剂和阴离子表面活性剂进行农作物秸秆的改性。利用阳离子表面活性剂十六烷基三甲基溴化铵（CTAB）对麦秸进行改性：室温（20℃）下，在200mL 1%CTAB溶液中以100r/min的转速搅拌24h，然后过滤改性麦秆，用蒸馏水进行冲洗，直到完全去除溶液中多余的CTAB，在60℃下干燥过夜。元素分析表明，原料秸秆的N含量为0.226%，C含量为42.34%，H为5.81%，改性秸秆的N含量为0.442%，C含量为46.32%，H为6.49%。FTIR光谱结果显示，CTAB中$—CH_2$基团的峰值变强，$—NH_2$和—OH基团的谱带变宽，说明CTAB被引入到改性秸秆表面。实验结果证明，改性秸秆对刚果红染料的吸附性能是原生秸秆的2倍左右。

利用十四烷基三甲基溴化铵阳离子表面活性剂用于玉米秸秆的改性后，由于孔隙堵塞，玉米秸秆的比表面积从$7.29m^2/g$下降到$4.21m^2/g$。改性后玉米秸秆的FTIR光谱表明，N—H基团取代了O—H基团，并存在额外的C—C基团。由于表面活性剂分子由碳和胺组成，FTIR观察证实秸秆与表面活性剂连接良好，表明通过改性反应提高了秸秆的表面疏水性质。

使用阴离子表面活性剂十二烷基硫酸钠（SDS）对秸秆进行改性，原生秸秆的FTIR光谱显示出C—H、O—H和C═C及Si—O等基团特征峰，表明存在二氧化硅。对于改性秸秆，FTIR光谱显示，$—SO_3$基团和$—CH_2$基团比原生秸秆强度更大，表明SDS使其得到了有效改性。SEM形貌分析表明，与原生秸秆相比，改性秸秆具有更均匀的表面结构和发达的孔隙，改性秸秆和原生秸秆的比表面积分别为150m²/g和58m²/g。比表面积的增大可能与表面活性剂分子单层（半胶束）之间的疏水作用有关。掺杂物或半胶束的存在改善了吸附剂的多孔结构，提供了有效的吸附区域。改性秸秆对MB染料的吸附性能是原生秸秆的2倍左右。

6.3.6 磁化改性

磁性材料的加入使吸附剂更易于回收和再生利用。磁性改性吸附剂可借助磁铁与反应体系轻松分离，从而避免了后续的过滤或离心步骤。四氧化三铁（Fe_3O_4）是最适合磁性改性的材料之一，改性可以通过磁流体、微波辅助和化学方法进行。合成Fe_3O_4最常用、最简单和有效的方法是共沉淀法，其中Fe^{3+}和Fe^{2+}盐在碱性条件中反应。在大多数应用中，磁处理不仅能有效回收吸附剂，而且还能提高吸附性能。使用共沉淀法制备Fe_3O_4改性材料，Fe_3O_4的合成可通过以下方程式进行解释：

$$Fe^{2+} + 2Fe^{3+} + 8\,OH^- \longrightarrow Fe_3O_4 + 4H_2O$$

在惰性气体下，将小麦秸秆添加到50mL $FeCl_3$和$FeSO_4$溶液（Fe^{3+}与Fe^{2+}摩尔比为2∶1）中。然后，将样品与$NH_3 \cdot H_2O$（25%）混合并加热至70℃保持4h。用去离子水反复冲洗Fe_3O_4改性秸秆，用磁铁回收，然后在50℃下脱水24h。FTIR光谱表明，Fe_3O_4颗粒对秸秆表面进行了有效的改性，在改性秸秆中，磁性颗粒的—OH特征峰和Fe—O基团特征峰发生了位移，这可能是由于秸秆改性过程中，秸秆上的羟基和磁性颗粒上的氧化铁之间的结合。原生秸秆和改性秸秆的光谱测试显示了基团特征峰的出现、消失和移动。例如，—OH、—CH、C—OH、C═O和C—O—C基团特征峰发生了显著的移位，这表明磁性粒子成功地结合在生麦秸上，形成了改性麦秸。原生秸秆和改性秸秆的比表面积分别为3.37m²/g和23.56m²/g，磁性麦秸对铅离子的吸附性能是原生麦秸的1.23倍。

利用Fe_3O_4改性后，秸秆的孔性质增强，结合位点改善，可显著提高磁性秸秆对Cu（II）和Pb（II）离子的有效吸附。此外，原生秸秆结构中负载的Fe_3O_4颗粒可提供超顺磁性，便于吸附剂的回收利用。原生秸秆和Fe_3O_4改性秸秆的元素含量分别为39.6%C、0.8%N、40.5%O和33.4%C、0.7%N和

51.6%O。磁改性后秸秆的碳含量随着氧含量的增加而降低，证实了Fe_3O_4与秸秆之间的有效相互作用。通过磁改性增强对磁性染料的吸附性能也有所报道，经过磁处理后，大麦秸秆对亚甲基蓝和结晶紫的吸附性能分别提高了16.7%和54.9%。

6.3.7 接枝改性

接枝是将聚合物的特性赋予木质纤维结构的一种有效改性方法，聚合物的主链与木质纤维素的侧链相连，形成支化共聚物。接枝技术可分为三种类型：嫁接支链、长出支链和大单体共聚接枝，见图6.4。第一种类型将聚合物的活性端基连接到木质纤维素结构上；第二种类型从木质纤维素的起始点开始聚合单体；第三种类型需要制备大分子单体，大量单体同时接枝在木质纤维结构上形成共聚物。一般来说，改性后的秸秆在吸附位置、交换离子及表面功能等方面的性能均有显著提高，从而使接枝后的木质纤维素结构提高了吸附效率。

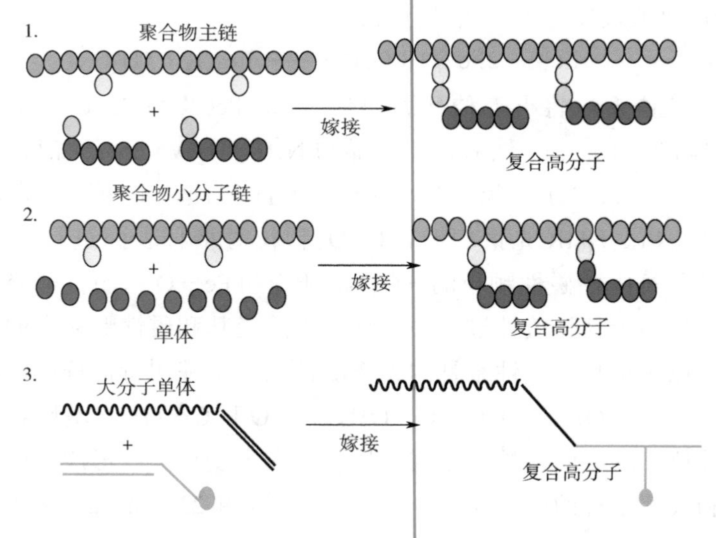

图6.4 木质纤维素接枝改性的基本方法

接枝方法主要有：化学法、辐射法和光化学法，其中化学法是一种方便、廉价、应用广泛的技术方法。化学引发剂产生自由基与木质纤维素上的羟基反应，引发木质纤维素单体聚合。使用高锰酸钾（$KMnO_4$）引发剂和丙烯腈单体通过接枝共聚对玉米秸秆进行改性：在40℃，N_2（99.99%）环境条件下，将玉米秸秆加入300mL去离子水中15min。然后将样品与$KMnO_4$混合并搅拌60min，加入10mL丙烯腈，在连续搅拌条件下，引入*N*, *N*-亚甲基双丙烯酰胺交联剂（0.03g）和H_2SO_4催化剂（0.10mL），共聚合1h，将所得产物过滤，用乙醇（95%）和去离子水冲洗，并脱水至固定重量。用*N*, *N*-二甲基甲酰胺在索氏管中回收接枝玉米秸秆的丙烯腈共聚物，以分离丙烯腈均聚物，用乙醇（95%）和去离子水依次洗涤，然后风干。与原生秸秆相比，接枝秸秆的FTIR光谱显示出较强的氰基带（—CN）特征峰。改性后玉米秸秆的含氮量从1.11%增加到4.02%，对镉离子的吸附率为98%，而未接枝玉米秸秆对镉离子的吸附率仅为30%。

接枝共聚还可以提高农作物秸秆的孔隙性能，使用过硫酸铵$[(NH_4)_2S_2O_8]$作为引发剂，通过苯胺在玉米秸秆表面的化学聚合，合成了聚苯胺改性玉米秸秆。原生秸秆和改性秸秆的比表面积分别为15.1m^2/g和46.9m^2/g，这可能是由于聚苯胺与纤维素和玉米秸秆木质素之间的相互作用提供了更多的结合位点。改性玉米秸秆对酸性红和酸性橙的吸附性能是原生秸秆的2倍左右。采用过硫酸钾K_2SO_4和硝酸铈铵$[(NH_4)_2Ce(NO_3)_6]$引发剂对丙烯酰胺、丙烯酸和二甲基二烯丙基氯化铵单体进行接枝改性小麦秸秆，可有效去除水中污染物。

6.3.8 复合改性

为了改变木质纤维结构的孔隙和表面性质以提高吸附性能，人们已经对化学改性进行了广泛的研究。由于功能模式有限，单一的改性方法可能无法达到理想的效果。例如，酸改性可以提高木质纤维素元素组成，碱改性可以增加材料的比表面积，酯化和醚化可以提高吸附材料的功能性。因此，通过复合这些方法的优势，组合来自不同类别的两种或两种以上改性技术可以达到更好的效果。

使用氢氧化钠和琥珀酸酐，通过碱酯化步骤对玉米秸秆进行改性，木质素含量从18.2%下降到4.5%，这种复合改性方法可以提供更多的活性位点，提高秸秆对丁二酸酐功能化的反应性。改性秸秆的羧基（—COOH）含量为4.2mmol/g，元素组成为46.66%C和50.11%O。该酯化步骤有效地引入了羧基并增加了吸附位点的数量，吸附材料对镉离子的吸附性能是原生秸秆的2倍。

使用氢氧化钠和环氧氯丙烷三甲胺对水稻秸秆进行碱改性和醚化改性。NaOH浓度从5%提高到30%（质量分数），改性秸秆中纤维素含量由47.5%提高到77.9%，氮含量从1.75%提高到3.05%，这可能是由于木质素和半纤维素在强碱性溶液中被部分破坏和溶解，从而促进纤维素和改性剂之间的接触。此外，碱性纤维素可能比原生纤维素更具活性，从而增强了纤维素和环氧氯丙烷之间的接触，更多的氨基参与改性反应，形成活性结合位点。最终改性秸秆对硫酸盐的吸附效率从43.4%提高到79.2%，FTIR光谱分析表明，与原生秸秆相比，最终改性秸秆中的C—N和季铵基团更多，氮含量进一步提高。同时，改性后—OH基团强度较低，这可能是由于它们在醚化步骤中被部分消耗。原生稻秆和改性稻秆的SEM图（图6.5）表明，通过碱改性步骤可以很好地获得纤维素的纤维结构，并且主要用于醚化反应，形成季氨基作为活性结合位点。

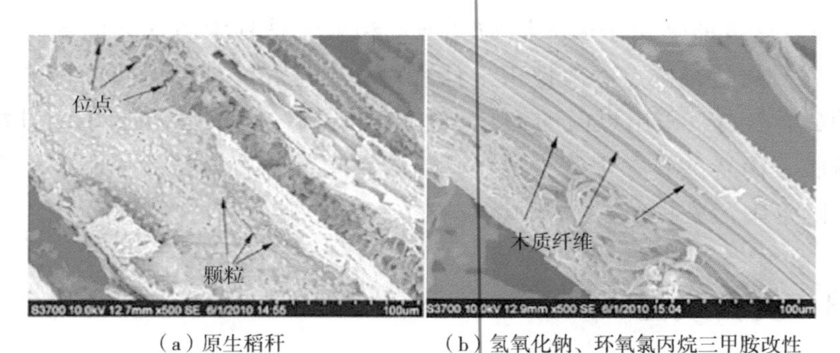

（a）原生稻秆　　（b）氢氧化钠、环氧氯丙烷三甲胺改性

图6.5　水稻秸秆的SEM图像

利用氢氧化钠和十六烷基氯化吡啶（CPC）表面活性剂，通过组合碱和表面活性剂对大麦秸秆进行改性。NaOH改性秸秆的元素含量为44.69%C和0.17%N，复合改性后的秸秆元素含量为47.30%C和0.33%N，复合改性秸秆的碳氮比高于单一碱改性秸秆。碱改性秸秆的比表面积为143.5m^2/g，而复合改性秸秆的比表面积为63.2m^2/g，复合改性秸秆的低比表面积可能与CPC分子在秸秆上的负载有关，CPC分子的负载使秸秆内部孔隙收缩，比表面积下降。改性秸秆的FTIR光谱显示OH基团特征峰的宽峰和强峰，与C—H基团相关的两条显著特征峰仅在最终改性秸秆的光谱中可见，证实了CPC被引入到秸秆结构中。最终改性秸秆对油脂的吸附效率约为90%，原生秸

秆为10%。

分别使用Fe_3O_4和聚乙烯亚胺（PEI）对水稻秸秆进行磁性和接枝相结合的改性处理。原生秸秆的元素组成为39.6%C、0.8%N和40.5%O，Fe_3O_4改性秸秆的元素组成为33.4%C、0.7%N和51.6%O，Fe_3O_4-PEI改性秸秆的元素组成为30.6%C、6.9%N和45.2%O。与原生秸秆相比，Fe_3O_4改性秸秆的高氧和低碳含量表明Fe_3O_4与秸秆之间存在有效的相互作用。此外，Fe_3O_4-PEI改性秸秆的含氮量显著高于原生秸秆，表明Fe_3O_4改性秸秆中存在PEI。原生秸秆的FTIR光谱表明存在O—H和C—H基团，经过Fe_3O_4和PEI改性步骤后，出现了一个新的Fe—O基团特征峰。此外，在Fe_3O_4-PEI改性秸秆的光谱中观察到初级和次级酰胺基团，这些基团使改性秸秆对甲基橙（MO）染料和汞离子具有高吸附性能。改性秸秆还表现出典型的超顺磁行为，饱和磁化强度为43.5 emu/g，磁性特征对于回收吸附剂具有重要意义。5次重复利用后，吸附性能仍高于92%，表明改性秸秆具有良好的循环利用稳定性。

利用两种以上改性方法对小麦秸秆进行改性，改性过程分别通过碱/酸醚化接枝步骤进行。原生小麦秸秆首先在100℃下用NaOH溶液处理，以消除半纤维素和木质素，并提高比表面积，使多糖更容易水解。然后，用HCl溶液处理，可通过将多糖转化为单糖从而促进半纤维素的水解。采用一氯乙酸（MCA）对秸秆进行醚化处理，以提高秸秆中COOH基团的含量。最后，利用过硫酸钾（$K_2S_2O_8$）为引发剂，在MCA改性的秸秆中进行了甲基丙烯酸二甲氨基乙酯（DMAEMA）单体与羟基的接枝反应。预处理秸秆的元素组成分别为55.10%C和44.55%O，MCA改性秸秆的元素组成分别为54.88%C、43.56%O和1.07%Na，MCA-PDMAEMA改性秸秆的元素组成分别为57.10%C、37.78%O和4.70%N。MCA改性秸秆与预处理秸秆相比，Na元素的存在和O/C比略有下降是MCA改性秸秆的结果。DMAEMA改性后，O/C值下降，N含量提高到4.7%。证实了将C含量相对较高的DMAEMA有效地接枝到MCA改性的秸秆材料上。FTIR光谱表明，原生麦秸半纤维素中含有O—H、C—H和C—O—C基团，在木质素和或半纤维素中含有酯类或羧酸，在木质素中含有C═C基团。用NaOH和HCl预处理后，秸秆中这些基团的强度下降，这证实了半纤维素和木质素的有效去除。MCA改性秸秆显示出新的COO—和C—O基团。将DMAEMA接枝到MCA改性的秸秆上，C═O特征峰明显增强，这些FTIR观察揭示了有效的醚化和接枝步骤，由于羧基含量的增加，预处理小麦秸秆经MCA醚化后对MB的吸附性能从25%提高到

98.38%。此外，由于引入了额外的氨基，MCA改性秸秆与DMAEMA的接枝大大提高了对橙黄II的吸附性能，从5.78%提高到49.58%。

以上表明，对小麦、水稻、玉米、大麦、棉花等农作物秸秆进行化学改性，可以通过增加表面积、提高元素含量、引入新的官能团或增加原有基团的强度来改善其孔隙和表面特性。因此，改性秸秆吸附材料表现出比原生秸秆更好的性能，具有更加优异的结构特性，例如，表面活性剂和磁性改性秸秆的比表面积分别是原生秸秆的3倍和7倍。但是，有时会由于改性过程中内部孔隙的堵塞导致表面积减小。

6.4 秸秆炭材料的制备方法

6.4.1 热解方法

热解是在300～900℃无氧条件下对秸秆等有机质进行热分解的过程。生物质的半纤维素和木质素在不同温度条件下进行交联、解聚和裂解等反应过程，生成固态、液态和气态产物。热解反应通常分为快速热解和慢速热解。快速热解反应的典型特点是在反应温度达到理想值后加入生物质原料，停留时间通常为2～10s。而对于慢速热解反应，生物质原料在热解初期进入反应器，停留时间为半小时至数小时。与快热解相比，慢热解制备的生物炭产量更高。与传统的石墨烯、活性炭等材料制备方法相比，热解制备生物炭过程简便、成本更低，绿色环保有利于环境的可持续发展。

热解制备生物炭的产量取决于生物质原料的特性及热解过程的适应性。影响热解产物的参数主要包括反应温度、加热速率和停留时间。一般情况下，随着热解温度的升高，生物炭产量下降，合成气产量增加。随着热解温度的升高，基本官能团种类不断减少，灰分含量不断增加、pH值和炭稳定性增加，而生物炭和酸性官能团产量下降。而pH值随着热解温度的增加而增加可能由于有机官能团发生减少，如—COOH和—OH。停留时间热解过程中对产物组成的影响，在相同热解温度下，生物炭产量随停留时间的增加而降低。而停留时间的长短影响生物炭的比表面积和孔隙特征。当热解温度为950℃时，停留时间从30min提高到1h，污泥热解炭的比表面积从141m^2/g下降到125m^2/g，孔隙体积从0.209cm^3/g减少到0.187cm^3/g。研究结果归因于炭的烧结导致孔隙的收缩和封闭，从而导致比表面积的降低。

6.4.2 气化方法

气化技术是指在高温控制条件下，通过热化学过程将生物质原料转化为气体的过程。气化过程中的副产物有生物炭和生物质提取液等。根据是否使用气化剂，可将气化技术分为使用气化剂和不使用气化剂2种工艺类型。

气化剂一般包含空气、O_2、H_2O、H_2和复合气等。使用气化剂的气化技术需要经过干燥、热解、氧化燃烧、气化4个阶段：a.生物质原材料进入气化反应炉后经过加热被干燥；b.随着温度升高，挥发物逐渐析出，生物质原料在高温下热解；c.经过热解的产物与气化剂在氧化区进行氧化反应并燃烧；d.燃烧所释放出的热能用来维持原材料的干燥、热解及还原反应，最终生成混合气体（含CO、CH_4、H_2、C_nH_m），生物炭的产率一般在10%左右。

与热解过程相比，气化需要较高的温度，通常高于700℃及需要加入少量的氧气和蒸汽，类似于热解过程，在气化过程中，主要形成固体、液体和气体产物。由于气化的目的是产生气态产物，生物炭的产率仅为生物质原料质量的5%～10%，低于快速热解反应（15%～20%）。

干馏气化为不使用气化剂的气化技术，工艺流程较为简便，是生物质在限氧或完全无氧的条件下经过热解气化得到生物炭、木醋液、木焦油和生成气的过程，一般生物炭的产率为28%～30%。除干馏气化外，其它气化技术生成的生物炭较少，主要用来制取可燃气，用于气化供气和发电。

6.4.3 水热炭化

水热炭化技术，又称湿法热裂解技术，在本质上属于一种慢速热裂解，是显著增强生物质性能的预处理工艺。其是生物质以水溶液为介质，在高温及高压的密闭反应容器中加热反应1h以上，从而使生物质炭化的过程。生物质经过水热炭化反应产生不可溶固体产物和可溶性有机副产物，其中，前者是具有微观结构的碳微球，表面含有大量的亲水功能基团；后者为醛类、有机酸等可溶有机物。

水热炭化为游离基反应，包含体系中大分子解聚成小分子及小分子片段重新聚合成大分子的竞争反应过程，其中有水解、脱水、脱羧、缩聚、芳构化等步骤，同时伴随去氧和脱氢。水热炭化反应为典型的放热反应，主要通过脱水及脱羧降低原材料中H和O的含量大多数生物质材料都含有较高的水分，因此需要单独的干燥程序来获得较高的产品产量并降低反应过程中产生的能量，水热法有望弥补其它方法的这一不足。在水热过程中，生物质与水混合后置于密闭反应器中，经过一定时间后温度升高最终达到稳定。不同水热温度下，水热反应的产物组成差异显著。250℃以下、250～400℃和400℃以上水热炭化的主要产物分别为生物炭、生物油和气态产物。因此，在每个温度范围内的水热过程分别称为水热炭化（HTC）、水热液化（HTL）和水热气化（HTG）。由HTC工艺生产的炭具有较高的炭含量。

6.4.4 微波热解技术

微波热解技术是在限氧条件下，利用微波加热（温度400～500℃）生物质，使生物质原料在一定时间内裂解成生物炭的一种新型技术。

微波是一种电磁波，其波长介于1mm～100cm，对应频率为300 MHz～300GHz。微波加热是一种依靠物体吸收微波能将其转换为热能，使自身整体同时升温的加热方式，与传统的加热方式完全不同。微波加热的原理是通过被加热物料内部偶极分子高频往复运动所产生的“内摩擦热”使物料温度升高，不需任何热量的传导过程，就能使物料内外部同时加热和升温，加热速度快且均匀。

与常规热解技术相比，微波热解可以直接穿透物料并进入其内部，物料内外受热均匀，加热时间短，还可以降低挥发成分的二次反应，改善生物炭的性质；所需能耗低，可控性高、能效高、经济性强，还可选择性加热。微波热解过程中，一部分水分会参与反应，可加强生物质对微波的吸收能力。基于以上特性，采用微波热解替代常规热解方式处理生物质废弃物，已逐渐发展为研究的热点。

值得注意的是，除上述制备生物炭的方法外，还采用了闪蒸炭化和灼烧法制备生物炭。闪蒸炭化是指原料在1～2MPa的压力下，温度为300～600℃，停留时间约为30min，将其转化为固体和气体产品。灼烧法是在惰性气体条件下加热，将原料转化为疏水固体产物，同时除去原料中的水分和氧气。在这个过程中使用的温度范围为200～300℃，制备过程中产生的固体产物通常氧含量较低。

6.5 秸秆炭材料的活化处理

活化是提高秸秆活性炭吸附性能的有效方法，秸秆活性炭的活化过程是一个复杂的物理化学过程。对活化剂进行分析，研究不同活化条件下秸秆活性炭的性能，对优化秸秆活性炭的活化条件，提高秸秆活性炭的性能具有重要意义。

6.5.1 等离子体活化

低温等离子体可以电离或激活气体分子，产生活性物质、粒子、离子和自由基等，各种粒子相互碰撞会发生一系列化学反应，所以等离子体活化属于氧化性活化的一种。常用的等离子体反应器由反应腔、射频电源和电极组成，阳极和阴极通常是线-筒体结构。等离子体活化不仅能为生物炭表面引进不同基团，还能对生物炭的比表面积和孔径有积极的贡献意义。利用等离子发射装备，在氧气存在条件下对生物炭进行等离子体活化。等离子体产生的活性物质如单线氧、臭氧等能有效地增加生物炭表面的含氧官能团，形成有助于Cd吸附的—OH和—COOH等官能团，这使得负载Fe的生物炭对Cd离子的吸附效率提升了20%。在研究生物炭吸附去除水中铀酰等过程中发现，等离子体活化方法可以将生物炭的比表面积从3.8m^2/g升至275.3m^2/g。在pH值为5时，温度为298K的情况下，可以将回收后的生物炭吸附铀酰的效率提升至90%。在研究等离子体活化生物炭去除汞的过程中发现等离子体活化对生物炭的表面性质影响较小，但是能引进大量的含氧基团。改变等离子体活化载气，在高压条件下实现了氮原子取代五环炭和六环炭结构从而生成了有利于重金属[Pb、Cu和Cd（II）]吸附的活性位点。说明在研究等离子体活化生物炭的过程中，等离子体的活化条件（温度、压力和载气）起了至关重要的作用。除此之外，生物炭本身的合成温度、时间和原材料对生物炭物理性质的影响也不可忽略。

6.5.2 碱性活化

碱仍然是最重要的活化剂，在秸秆制备活性炭过程中起着非常重要的作用。将生物质或生物炭置于所需浓度的碱性溶液在25～100℃的温度下浸泡和搅拌，停留时间可能持续数小时或数天，具体时间取决于活化所用的原材料。研究显示碱性活化在一定程度上有利于生物炭的比表面积和孔径等物理结构的形成。另外，碱性活化会产生正电荷进而有助于带负电物质的吸附，这些都有利于提高生物炭的催化效率。氢氧化钾活化、氢氧化钠活化和氨化是最常见的碱活化方法。

KOH作为典型的强碱性金属氢氧化物，常被作为生物炭的活化剂。生物质在KOH环境下浸渍活化主要包括脱水、裂化、部分聚合和生物质变形等步骤，然后通过芳构化将木质纤维素材料二次碳化。在此过程中释放的焦油和钾可与生成的炭自发反应，从而在扩散作用和热解作用下产生大量的细孔进而增加孔隙率。在碱性氢氧化物活化后的热处理过程中，发生的氧化和还原反应是导致石墨层的分离与降解的主要原因，从而导致微孔和中孔的进一步发展。随着氢氧化钾/炭比率的增加，炭的比表面积和孔径持续增加。在KOH活化过程中，活化温度和浓度起到了至关重要的作用，如果活化温度达到700℃，钾将会渗透到炭的晶格中。插层的钾使晶格膨胀及从炭基质中快速插层，从而扩大生物炭的比表面积和孔径。接下来炭和碳酸钾的进一步反应可能会产生额外的孔隙度并降低炭的获得率，氢氧化钾活化也能显著去除无机物清除堵塞的孔来提高炭的孔隙率和比表面积。

相较于KOH作为活化剂，NaOH活化需要的剂量更低，且经济效应更好，氧化性更好，对环境更具有友好性。研究发现玉米秸秆和小麦秸秆经过NaOH溶液改性后，制备的活性炭比表面积和孔径均有所增加。用15%氨水浸泡玉米秸秆8h后，可显著提高秸秆活性炭吸附苯酚和甲醛的效率，由KOH和NaOH组成的混合碱也已用于生产从玉米秸秆中提取的多孔炭材料。氢氧化钠活化生物炭增大生物炭的表面积和孔径可以通过以下方式：a.创建新的孔隙；b.打开以前无法进入的孔洞；c.扩大和合并孔（由于孔壁破裂而导致的现有孔隙增大）。3种方法均能扩大孔径和孔体积，但是相较于其它碱活化，NaOH活化获得的中孔炭趋势更强。除此之外，NaOH/炭对生物炭的比表面积和产率也有影响，如果持续增大NaOH的浓度，过量的NaOH会促进炭的剧烈气化反应，破坏炭质结构，从而减少有效面积。

6.5.3 酸性活化

与此同时，酸也是一种重要的活化剂，可明显改善秸秆活性炭的吸附能力。生物质的热解过程主要是纤维素、木质素和半纤维素等物质的热解过程。酸活化不仅能有效催化纤维素等物质在热解过程中的脱水和断键反应，抑制焦油等大分子有机副产物的生成，还能降低官能团的断键温度。通常酸的加入能使生物质在低温条件下发生化学变化，导致炭表面氧、碳、硫和氮元素含量的降低，使得生物炭芳香化程度提高，并且活化前后的生物炭呈现不同的宏微观性质。使用不同的酸活化剂会为生物炭表面引进不同的表面基团，目前常用的生物炭酸活化剂主要包含磷酸、硫酸、硝酸和过氧化氢。

利用 H_2O_2/H_2SO_4 对玉米秸秆活性炭进行活化处理，材料表面的官能团含量增加了150.41%。使用磷酸作为活化剂可以明显改善小麦秸秆、玉米秸秆和大豆秸秆活性炭的比表面积和多孔结构。通过750℃炭化制备的活性炭纤维对荧光素的饱和吸附容量为19.608mg/g。由水稻秸秆制备并经 $NH_4H_2PO_4$ 活化的活性炭产量为41.14%。使用 K_2CO_3-HNO_3 活化的活性炭的吸附性能优于使用 K_2CO_3 的活性炭。从以上研究可以看出，采用酸性活化剂制备的秸秆活性炭产率高，负载矿物后吸附能力提高，各种活化剂的组合有利于提高吸附能力。

磷酸属于中强酸，其具有环境低毒性、经济效益高、不容易产生有毒副产物等优点，是用于生物炭活化的常见酸。磷酸活化一般用于生物质炭化之前，其不仅可以提高生物炭的表面酸性，还可以增加生物炭的孔状结构。除此之外，磷酸的加入还能帮助分解木质纤维素、脂肪族和芳香族物质，形成多磷酸盐和磷酸盐，阻碍生物炭热解过程中的成孔收缩从而使磷酸活化后的生物炭具有较大的表面积。磷酸在热解过程中活化生物炭的主要过程分为：热解加热低温区段、中温区段和高温区段的反应。热解低温区段的化学反应包括：磷酸对纤维素、半纤维素和木质素的攻击，其中包括纤维素和半纤维素的糖苷键水解及木质素中芳基醚键的裂解；再经过一系列的缩合、断键、水解和裂解；最后在生物炭表面产生醛基、酮基、羟基和羧基等基团并同时释放出甲烷、二氧化碳和一氧化碳等气体。另外，生物炭在磷酸活化的过程中，炭表面还会形成大量含磷基团，这些基团在金属吸附的过程中可以作为吸附位点。在热解过程的中温阶段，生物质的失重率逐渐增加，热解过程中的生物质结构逐渐膨胀，生物炭的孔隙率增加。在此阶段，磷酸在固相的交联反应开始逐渐大于生物质的裂解和解聚反应，从而使得在中温条件下，热解制备的磷酸活化生物质具有更高的炭产率。

6.5.4 金属浸渍活化

金属浸渍活化生物炭的活化方法可分为热解制备前修饰和热解制备后修饰两种不同的活化方式（图 6.6）。热解前修饰的目的是提高生物炭的比表面积及将浸渍金属离子连接在生物炭的表面为催化剂提供催化活性位点。在研究生物炭催化降解耐光橙 G 染料时发现，铁离子浸渍可显著提高生物炭的比表面积，从而为铁离子提供更多的负载位点，很大程度提高了催化降解系统中的类芬顿，从而提高了耐光橙 G 的降解效率。在制备水热生物炭前，将生物质浸泡于硫酸铁盐溶液中，发现铁盐的加入有利于水热生物炭芳香化程度的提高，而最终水热生物炭的理化性质更多地依赖于生物质的类型。

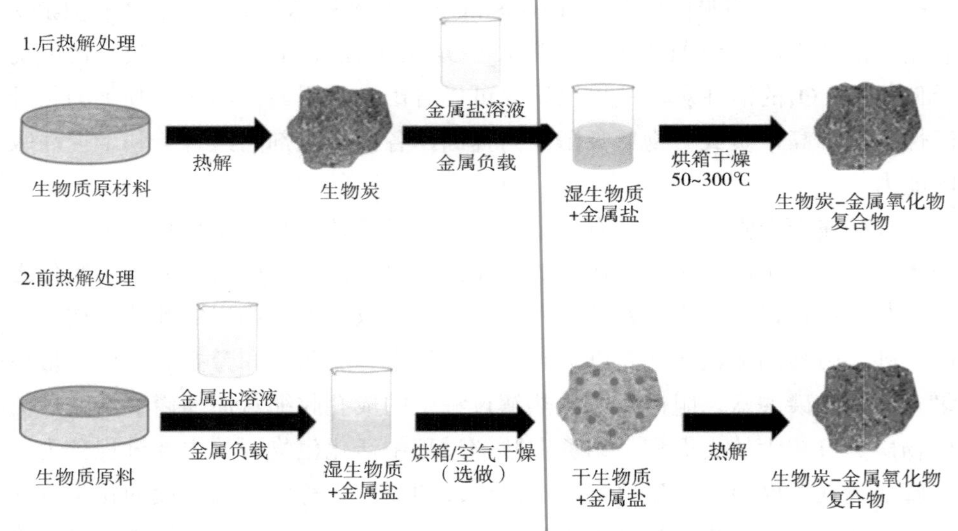

图6.6 生物炭不同金属浸渍方式

$ZnCl_2$ 是一种广泛用于小麦秸秆、玉米秸秆和水稻秸秆制备活性炭的活化剂。以玉米秸秆为原料，通过微波加热的方法，经过 4min 的活化，在 $ZnCl_2$ 溶液中浸泡 24h，活性炭样品在 10mg/L 甲基橙溶液浓度下的吸附效率为 98.64%。在氮气环境条件中，利用 $ZnCl_2$ 作为活化剂，玉米秸秆的吸附-解吸实验表明，制备的活性炭具有较好的微孔结构，比表面积为 934m²/g，亚甲基蓝的吸附容量超过 100mg/g。从安全性角度分析，$ZnCl_2$ 活化剂的安全性优于酸和碱。总的来说，金属浸渍法制备生物炭能显著增加生物炭的表面活性位点的同时，也改进了生物炭的比表面积及孔径等物化性质。

6.6 秸秆炭材料的表征

材料表征是分析材料性能的重要手段。对表征方法进行总结，旨在探索一种适合秸秆活性炭的表征方法，通过表征手段充分了解秸秆活性炭的孔结构特征，有助于有效改善秸秆活性炭的孔结构。

活性炭的表征包括物理和化学表征，物理表征包括密度、机械强度、表面性质、孔结构和吸附性质；化学表征包括晶体结构和重金属含量。物理特性的表征是重点（孔隙结构和表面特性），这些因素对活性炭的功能至关重要。吸附特性通常包括水容量、碘吸附值、亚甲基蓝（MB）吸附值、苯酚吸附值、四氯化碳吸附效率、饱和硫容量、四氯化碳解吸效率、保护时间（苯蒸气、氯乙烷）等。碘和亚甲基蓝吸附值通常用于评估活性炭的吸附能力。水稻秸秆活性炭的比表面积大，孔隙丰富，孔隙互连形成了一个非常发达的网络系统，因此它对各种污染物具有明显的吸附和去除效果。

炭材料的比表面积与孔结构的表征非常重要，秸秆的主要成分是纤维素、半纤维素和木质素，秸秆高温炭化的目的是以气体的形式去除氧和氢元素，并保留一部分碳和灰分。根据 p/p_0=0.05～0.125 时吸附的液氮量计算活性炭的总孔隙体积。比表面积是多孔吸附性能的重要指标，通常用 BET 表示，计算公式为

$$S_{BET}=a_m \cdot N \cdot \omega_{(N_2)} \quad (p/p_0=0.05 \sim 0.35)$$

式中，S_{BET} 为比表面积，m/g；a_m 为单层容量，mol/g；N 为阿伏伽德罗常数，其值为 6.023×10^{23}/mol；$\omega_{(N_2)}$ 是液态六方密排氮分子在 77K 时的横截面积，其值为 $1.62\times10^{-19}m^2$；p_0 为饱和蒸气压，MPa；p 为吸附压力，MPa。

秸秆活性炭的特性受原料、活化剂、活化温度和时间的影响较大。以棉秆为原料，KOH 为活化剂制备的活性炭，碱碳比为 1∶1，比表面积较大。芦苇秸秆活性炭的比表面积除了与碳化和活化作用有关外，还与其丰富的孔隙结构有关。芦苇秸秆的碱金属含量比其它秸秆更丰富，这可以促进热解过

程的均匀扩孔。使用KOH作为芦苇的活化剂，活化过程中消耗的碳主要生成K_2CO_3，这有利于扩大秸秆活性炭的孔隙，提高芦苇秸秆的比表面积。棉秆和大麻秆制备的活性炭具有较大的比表面积，这与秸秆的孔结构有关。活化温度、活化时间、炭化温度和浸渍率是影响秸秆制备活性炭比表面积的主要因素，同时炭化和活化将很大程度上减少分步碳化与活化的难度与时间。在较低温度下活化时间较长，但制备的秸秆活性炭灰分含量较低，提高活化温度可以缩短活化时间，但制备的秸秆活性炭灰分含量较高。

结合灰分、孔隙度和比表面积指数确定不同秸秆的最佳活化温度。同时，活化剂也是一个重要因素，以水稻秸秆为原料，NaOH为活化剂制备的活性炭的比表面积明显高于其它酸性和盐活化剂。主要原因是水稻秸秆中的NaOH对非碳原子的去除率较高，因此制备的活性炭孔结构较发达。活性炭的比表面积越大，无论是物理吸附还是化学吸附，活性炭材料与污染物的接触面积就越大，有效吸附点越多，整体的吸附能力就越强。

总孔隙体积是秸秆活性炭的重要指标，较大的总孔隙体积有利于去除水中的污染物。秸秆活性炭的总孔隙体积一般小于3.0cm^3/g，且大部分在0.5～1.5cm^3/g的范围内。不同秸秆活性炭的总孔隙体积不同，即使是同一种秸秆活性炭，在不同的制备条件下，其总孔体积也不尽相同。除原料外，碳化和活化条件对总孔体积也有明显影响，向日葵秸秆和大麻秸秆活性炭的总孔隙体积明显高于其它秸秆活性炭。在分析秸秆活性炭时，不仅要考虑比表面积和总孔隙体积，而且活性炭的产量也是一个重要因素，秸秆活性炭的产量一般在20%～50%，向日葵秸秆的产碳量明显高于其它秸秆。考虑到比表面积、总孔隙体积和碳产量，向日葵秸秆活性炭具有一定的开发潜力。由于秸秆本身的孔隙结构发达，高温不利于提高活性炭的产率，而低温又不利于比表面积和总孔容的增加。若要提高秸秆活性炭的利用价值，应综合考虑各种因素，物理活化法和化学活化法的结合仍是今后研究的重点。

孔隙体积是反映吸附特性的重要参数。活性炭的孔径一般为微孔（1～2nm）、介孔（3～5nm）和大孔（>5nm），由秸秆制备的活性炭主要为微孔和介孔结构，不同种类秸秆的孔隙体积不同。温度对水稻秸秆比表面积的影响最为明显，而总孔隙体积受温度的影响相对较小。同一种秸秆在相同温度下的活化时间越长，秸秆活性炭的比表面积和总孔体积越大。KOH活化剂对辣椒秸秆制备活性炭的效果优于K_2CO_3。除了优化秸秆品种和活化剂外，还需要根据不同秸秆品种的比表面积、总孔容和碳产率等指标来寻找相对较好的活化条件。

以废弃辣椒秸秆为原料，KOH和NaOH为活化剂，发现使用KOH作为活化剂时，比表面积和平均孔径较大，分别为3217.237m^2/g和3.590 nm。在$ZnCl_2$和Al_2O_3混合活化条件下，棉秆活性炭的产率为23.06%，高于单一活化剂，该秸秆活性炭具有良好的孔结构和较强的吸附性，对亚甲基蓝的最大吸附容量为909.09mg/g。使用各种活化剂是提高活性炭比表面积和孔容的重要研究方向。

6.7 秸秆活性炭在废水处理中的应用

活性炭在水污染处理过程中发挥重要作用，其用量超过活性炭总产量的20%以上。秸秆活性炭因其广泛的原材料来源和可持续利用而受到广泛关注，活性炭对废水中污染物的去除主要是通过吸附作用。

由于秸秆和污染物的性质不同，秸秆活性炭的净化效果也不同。用水稻秸秆制备并用正磷酸活化的活性炭具有较大的比表面积，适用于污水处理。活性炭对亚甲基蓝的吸附主要通过静电吸附、氢键吸附及p-电子与 π-π 键的相互作用，氢键吸附，范德华力和 π-π 键影响苯胺在活性炭上的吸附，亚甲基蓝和苯胺在水稻秸秆活性炭上的吸附机理如图6.7所示。以甘蔗秸秆为原料，$ZnCl_2$为活化剂制备的稻秆活性炭对盐酸四环素的吸附表明，盐酸四环素和AC通过 π-π 相互作用和阳离子 π 键结合在一起。

化学吸附是影响秸秆活性炭吸附非金属污染物的重要因素，研究表明，使用植物秸秆活性炭可以有效吸附废水中的各种非金属污染物。不同重金属的化学吸附机理不同，以 Ag^+和 Cr（Ⅵ）为例，重金属的吸附机制如图 6.8 所示。研究发现 Cr（Ⅵ）的吸附过程比 Ag^+的吸附过程复杂得多，秸秆活性炭对 Cr（Ⅵ）的化学吸附包括四个方面：碱性官能团上的阴离子吸附、接触给电子体将 Cr（Ⅵ）还原为 Cr（Ⅲ）、碱性位上的阴离子吸附、相邻给电子体的还原、静电释放、酸性位上的阳离子交换。以甘蔗秸秆为原料制备的秸秆活性炭对 Cr（Ⅵ）的吸附表明，化学吸附是吸附 Cr（Ⅵ）过程中最强的吸附作用。

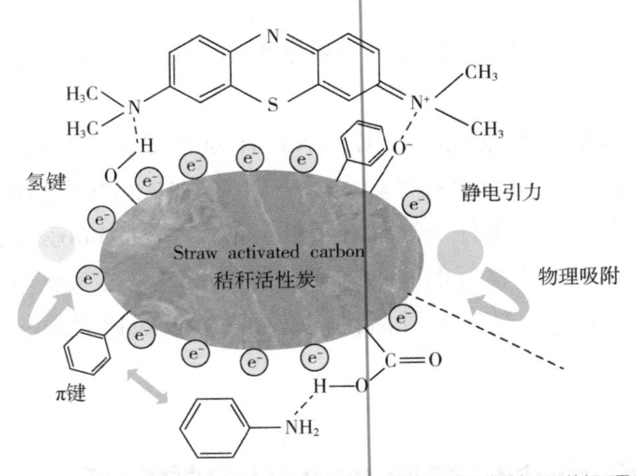

图6.7　亚甲基蓝和苯胺在水稻秸秆活性炭上的吸附机理

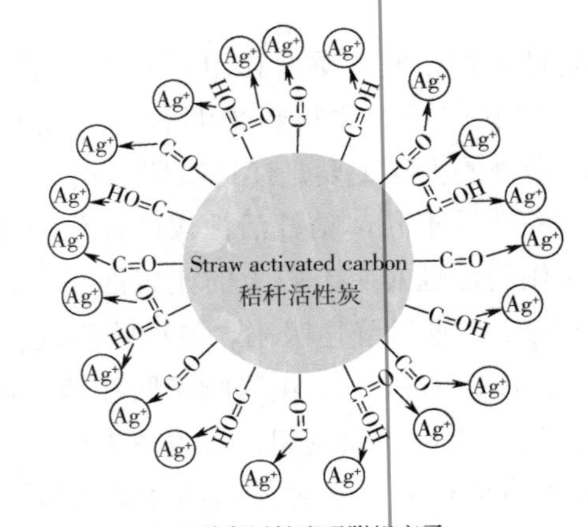

（a）秸秆活性炭吸附银离子

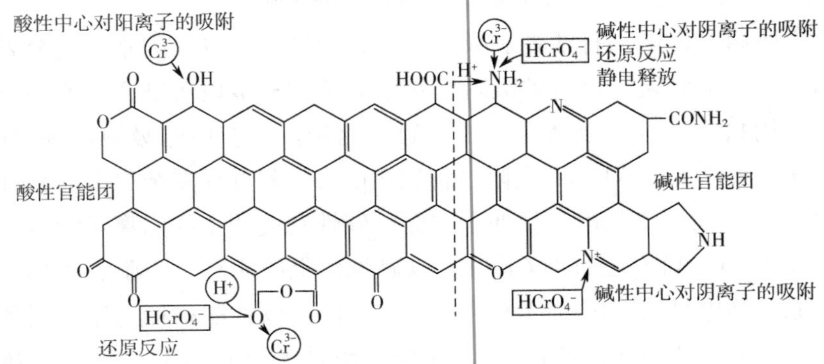

（b）秸秆炭对六价铬离子吸附

图6.8　稻草AC对重金属的吸附

利用H_3PO_4活化的向日葵秸秆活性炭对As（Ⅲ）、Cr（Ⅵ）和Cu（Ⅱ）的去除效率较高。以玉米秸秆为原料，使用水解法制备活性炭多孔结构材料，研究结果显示对Cr（Ⅵ）的去除有显著影响。通过H_2SO_4活化微波加热制备的水稻秸秆活性炭对Hg（Ⅱ）的吸附能力随着初始浓度的增加而增加。在中性条件下，发现丙烯腈改性玉米秸秆活性炭在Cd（Ⅱ）上的最大吸附容量为12.73mg/g。这为废水中重金属的处理提供了重要的参考。有研究表明，秸秆活性炭在一定条件下对废水中的污染物有明显的吸附效果。污染物的初始浓度和秸秆活性炭的浓度是影响污染物去除的关键因素，假设两者之间的比率为K，K值越低，污染物的去除效率越高。当K值小于30时，重金属（Cu（Ⅱ）、Cr（Ⅵ）和Fe（Ⅲ））的去除率不低于90%。对于非金属污染物（邻苯二酚、亚甲基蓝染料和四环素），当K小于100时，去除率高于85%。研究发现，为了对废水中的污染物达到较好的净化效果，K值应控制在100以下。小麦秸秆和玉米秸秆活性炭对苯酚的净化效果较差。秸秆活性炭对污染物的吸附效果还受到温度、pH值、活性炭原料性质、活化条件等因素的影响，有待进一步研究。

6.8 秸秆活性炭吸附材料的再生与利用

可再生和利用是考察吸附剂实用性能的重要参数之一，优秀的吸附材料应在重复吸附-解吸循环中表现出良好的可重用性和再循环性能。吸附剂的再生和循环利用在节约成本和防止有害固体废物产生等方面发挥着良好的经济效益和环境效益。

活性炭的吸附过程是活性炭与吸附质相互作用形成一定的吸附平衡关系，再生是利用各种方法破坏原有的平衡条件，将吸附质从活性炭中分离出来。目前吸附材料的再生研究主要集中在煤基活性炭和木质活性炭再生方面，秸秆活性炭的强度普遍低于木质活性炭和煤基活性炭，因此在利用与再生过程中更容易破碎。

常用生物法、物理法和化学法对废弃吸附剂进行再生处理，其中化学法由于其简单、有效、低成本和回收吸附质高的特点而被广泛应用。因此，许多化学试剂被用作解吸剂或洗脱剂，合适的洗脱剂必须具有高解吸效率、低吸附剂损害、低成本和环境影响小的特点。此外，解吸剂还可以帮助阐明吸附过程的机理，例如：酸或碱洗脱液表现出高解吸性能，其吸附机理为离子交换或静电吸引；乙醇等有机溶剂表现出的解吸性能，其吸附机理为化学吸附作用。

与其它洗脱液相比，碱洗脱液（如NaOH）对阴离子污染物具有良好的解吸效率。这可能与污染物对碱的Na^+的亲和力高于吸附剂的结合位点及碱溶液中吸附质-吸附剂的相互作用有关。NaOH和其它洗脱液的解吸性能顺序为：$NaOH>Na_3PO_4>C_2H_5OH>HNO_3$。NaOH的高解吸性能表明吸附剂与染料之间的相互作用是通过静电吸引或离子交换实现的。碱再生吸附剂显示出良好的可循环利用效果，Fe_3O_4-三乙烯四胺改性玉米秸秆在重复使用3次后，其对Cr（Ⅵ）的吸收量仅降低了1.8%。改性作物秸秆吸附剂再生性能的小幅度下降也表明了这些吸附剂结构中结合位点的稳定性及其在实际应用中的适用性。

活性炭的再生技术主要包括热再生、氧化再生、电化学再生、溶剂再生、生物再生、光催化再生、超临界流体再生、微波再生、超声波再生和等离子体再生等，但这些再生技术并不都适用于秸秆活性炭材料。秸秆活性炭是一种生物活性炭，其再生要求不同于其它活性炭，其技术难度要高于其它活性炭材料。秸秆活性炭吸附材料的再生不仅要考虑回收效果，还要考虑其机械强度的改变。

使用单独一种方法很难达到秸秆活性炭的最佳再生效果，两种或两种以上再生技术的组合工艺是未来秸秆吸附材料再生的发展方向。通过调查发现，由于设备再生量小、效果差、再生成本高等因素，秸秆吸附炭材料的再生在工业上并没有得到广泛应用。

秸秆活性炭作为吸附材料在废水处理和空气净化等方面具有潜在的应用前景，具备替代煤基活性炭和木质活性炭的潜力。植物秸秆来源广泛、成本低，能够实现可持续利用，因此秸秆活性炭的制备具有很大的优势。同时，由于秸秆活性炭的制备受秸秆种类、加热条件和活化剂的影响，制备过程比较复杂，制备工艺和方法尚不完善，存在着生产效率低、使用寿命短、产品简单、污染物吸附范围窄等缺点。

参考文献

[1] 彭小明，周后珍，谢翼飞，等. 石油类突发水污染事故应急处理技术研究进展[J]. 安全与环境学报，2011(05): 240-244.

[2] 张华丽，齐若男，谢嵬旭，等. 改性玉米秸秆对Cu^{2+}吸附性能研究[J]. 工业水处理, 2020, 40(2): 71-74.
[3] 田野，吴敏，孟令蝶，等. 天然纤维素纤维改性及其对水中砷的吸附[J]. 科技导报, 2010, 28(22): 29-32.
[4] W. Zhu, J. Lei, Y. Li, et al. Procedural growth of fungal hyphae/Fe3O4/graphene oxide as ordered-structure composites for water purification, Chem. Eng. J. 355 (2019) 777-783.
[5] 罗冬，谢翼飞，谭周亮，等. NaOH改性玉米秸秆对石油类污染物的吸附研究[J]. 环境科学与技术, 2014, 37(1): 28-32.
[6] Y. Zhou, J. Lu, Y. Zhou, Y. Liu, Recent advances for dyes removal using novel adsorbents: A review, Environ. Pollut. 252 (2019) 352-365.
[7] 陈素红. 玉米秸秆的改性及其对六价铬离子吸附性能的研究[D]. 济南：山东大学, 2012.
[8] 潘洪川，李曼曼，黄岁樑，等. 三种农业废弃物处置水面溢油研究[J]. 环境污染与防治, 2013, 35(4): 1-6.
[9] W. Zhang, H. Li, X. Kan, et al. Adsorption of anionic dyes from aqueous solutions using chemically modified straw, Bioresour. Technol. 117 (2012) 40-47.
[10] 李丹. 以玉米秸秆为原料的天然吸油材料制备及性能分析[D]. 天津：天津大学, 2013.
[11] 王镇乾，曹威，刘淑坡. Cr(Ⅵ)和Cr(III)在改性秸秆吸附剂上的同步快速解吸方法及应用[J]. 农业环境科学学报, 2017, 36 (6): 1218-1224.
[12] 彭丽，刘昌见，刘百军，等. 水稻秸秆蒸汽爆破酯化改性制备吸油材料[J]. 化工学报, 2015, 66(5): 1854-1860.
[13] 陈学榕，黄彪，江茂生，等. 新型木质纤维吸油材料的结构表征与性能研究[J]. 中国造纸, 2006, 25(7): 10-13.
[14] 林海，王泽甲，汪涵，等. 天然生物质材料吸油性能研究[J]. 功能材料, 2012, 17(43): 2414-2415.
[15] G. Sriram, M. Kigga, U. T. Uthappa, et al. Naturally available diatomite and their surface modification for the removal of hazardous dye and metal ions: A review, Adv. Colloid Interf. Sci. 282 (2020) 102198.
[16] 王宇. 利用农业秸秆制备阴离子吸附剂及其性能的研究[D]. 济南：山东大学, 2007: 28(3): 565-567.
[17] B. Mehdinejadiani, S. M. Amininasab, L. Manhooei. Enhanced adsorption of nitrate from water by modified wheat straw: equilibrium, kinetic and thermodynamic studies, Water Sci. Technol. 2019, 79 (2): 302-313.
[18] 曹亚峰，刘兆丽，韩雪，等. 丙烯酸酯改性棉短绒高吸油性材料的研制与性能[J]. 精细石油化工, 2004(3): 20-23.
[19] 武斌，彭士涛，李明，等. 水稻秸秆改性及吸油性能研究[J]. 天津理工大学学报, 2016, 32(3): 60-64.
[20] 杨丽衡，白波，丁晨旭，等. 菜籽粕-g-聚(甲基丙烯酸甲酯-co-丙烯酸丁酯)复合高吸油树脂的制备及其性能[J]. 石油化工, 2015, 44(1): 109-115.
[21] J. Pang, X. Song, X. Huang, et al. Porous monolith-based magnetism-reinforced in-tube solid phase microextraction of sulfonylurea herbicides in water and soil samples, J. Chromatogr. A 2020 (1613) 460672.
[22] 朱超飞. 玉米秸秆的化学改性、表征及吸油性能的研究[D]. 广州：华南理工大学, 2012.
[23] Z. N. Garba, W. Zhou, I. Lawan, et al. An overview of chlorophenols as contaminants and their removal from wastewater by adsorption: A review, J. Environ. Manag. 241 (2019) 59-75.
[24] 李龙，盛冠忠. X射线衍射法分析棉秆皮纤维结晶结构[J]. 纤维素科学与技术, 2009, 17(4): 37-40.

[25] M. Chen, C. T. Jafvert, Y. Wu, X. Cao, N. P. Hankins, Inorganic anion removal using micellar enhanced ultrafiltration (MEUF), modeling anion distribution and suggested improvements of MEUF: A review, Chem. Eng. J. 398 (2020) 125413.

[26] 李志琳，解宇峰，程德义，等. 氨化改性小麦秸秆对水体 Cd^{2+} 的吸附性能研究[J]. 环境工程技术学报, 2019, 9(5): 566-572.

[27] M. A. M. Reshadi, A. Bazargan, G. McKay, A review of the application of adsorbents for landfill leachate treatment: Focus on magnetic adsorption, Sci. Total Environ. 731 (2020) 138863.

[28] S. S. Fiyadh, M. A. AlSaadi, W. Z. Jaafar, M. K. AlOmar, S. S. Fayaed, N. S. Mohd, L. S. Hin, A. El-Shafie, Review on heavy metal adsorption processes by carbon nanotubes, J. Clean. Prod. 230 (2019) 783-793.

[29] 张虎山，刘慧杰. 海洋石油污染的现状及防治对策[Z]. 中国上海: 2010: 4047-4051.

[30] M. J. Ahmed, B. H. Hameed, E. H. Hummadi, Insight into the chemically modified crop straw adsorbents for the enhanced removal of water contaminants: A review. Journal of Molecular Liquids. 330 (2021) 115616.

[31] S. Yu, X. Wang, H. Pang, R. Zhang, W. Song, D. Fu, T. Hayat, X. Wang, Boron nitridebased materials for the removal of pollutants from aqueous solutions: A review, Chem. Eng. J. 333 (2018) 343-360.

[32] 龚志莲，李勇，陈钰，等. 改性小麦秸秆吸附 Cu^{2+} 的动力学和热力学研究[J]. 地球与环境, 2014, 42(4): 561-566.

[33] 汪怡，李莉，宋豆豆，等. 玉米秸秆改性生物炭对铜、铅离子的吸附特[J]. 农业环境科学学报, 2020, 39(06): 1303-1313.

[34] Y. Dai, Q. Sun, W. Wang, L. Lu, M. Liu, J. Li, S. Yang, Y. Sun, K. Zhang, J. Xu, W. Zheng, Z. Hu, Y. Yang, Y. Gao, Y. Chen, X. Zhang, F. Gao, Y. Zhang, Utilizations of agricultural waste as adsorbent for the removal of contaminants: A review, Chemosphere 211(2018) 235-253.

[35] 戴光泽，陈德，倪庆清，等. 植物炭材料的柴油吸附性能[J]. 成都：西南交通大学, 2006, 46(1): 20-24.

[36] S. Ghosh, R. Chowdhury, P. Bhattacharya, Sustainability of cereal straws for the fermentative production of second generation biofuels: A reviewof the efficiency and economics of biochemical pretreatment processes, Appl. Energy 198 (2017) 284-298.

[37] 周素坤，毛健贞，许凤. 微纤化纤维素的制备及应用[J]. 化学进展, 2014, 26(10): 1752-1762.

[38] B. A. Goodman, Utilization of waste straw and husks from rice production: A review, J. Bioresour. Bioproducts 5 (2020) 143-162.

[39] 徐萌. 基于天然高分子吸油材料的制备与表征[D]. 兰州：兰州大学, 2007.

[40] M. J. Ahmed, B. H. Hameed, Adsorption behavior of salicylic acid on biochar as derived from the thermal pyrolysis of barley straws, J. Clean. Prod. 195 (2018) 1162-1169.

[41] 金劲松，杨毅. 水域泄漏油品回收处理技术[J]. 化工环保, 2011(02): 140-143.

[42] Y. Chen, Q. Chen, H. Zhao, J. Dang, R. Jin, W. Zhao, Y. Li, Wheat straws and corn straws as adsorbents for the removal of Cr(VI) and Cr(III) from aqueous solution: Kinetics, isotherm, and mechanism, ACS Omega 5 (2020) 6003-6009.

[43] 林建国, 刘颖. 围油栏内不均匀溢油迁移扩散的解析分析[J]. 大连海事大学学报, 2001(03): 53-56.

[44] E. R. Abaide, G. L. Dotto, M. V. Tres, G. L. Zabot, M. A. Mazutti, Adsorption of 2–nitrophenol using rice straw and rice husks hydrolyzed by subcritical water, Bioresour. Technol. 284 (2019) 25-35.

[45] 王文华, 邱金泉, 寇希元, 等. 吸油材料在海洋溢油处理中的应用研究进展[J]. 化工新型材料, 2013, 41(7): 151-154.

[46] 高龙娜, 姚大虎, 李旭阳, 等. 丙烯酸酯类高吸油树脂的合成及其吸附性能[J]. 化工环保, 2013, 33(5): 453-456.

[47] V. Thakur, E. Sharma, A. Guleria, S. Sangar, K. Singh, Modification and management of lignocellulosic waste as an ecofriendly biosorbent for the application of heavy metal ions sorption, Mater. Today Proc. 32 (2020) 608-619.

[48] 唐兴平, 程捷, 林冠烽, 等. 竹纤维吸油材料的制备[J]. 福建林学院学报, 2007, 27(1): 57-60.

[49] 周珊, 杜冬云. 改性粉煤灰处理含油废水的实验研究[J]. 化学与生物工程, 2005, 22(6): 43-45.

[50] 叶新才, 王占岐, 赵宇宁. 改性膨润土处理石化含油废水试验研究[J]. 非金属矿, 2004, 27(2): 41-43.

[51] Y. Ma, Y. Shen, Y. Liu, State of the art of straw treatment technology: Challenges and solutions forward, Bioresour. Technol. 313 (2020) 123656.

[52] J. Cai, Y. He, X. Yu, S. W. Banks, Y. Yang, X. Zhang, Y. Yu, R. Liu, A. V. Bridgwater, Review of physicochemical properties and analytical characterization of lignocellulosic biomass, Renew. Sust. Energ. Rev. 76 (2017) 309-322.

[53] 武文娟. 高性能吸油材料的制备及其油水分离性能的研究[D]. 青岛: 青岛科技大学, 2014.

[54] X. Liu, Z. -Q. Chen, B. Han, C. -L. Su, Q. Han, W. -Z. Chen, Biosorption of copper Ions from aqueous solution using rape straw powders: Optimization, equilibrium and kinetic studies, Ecotoxicol. Environ. Saf. 150 (2018) 251-259.

[55] 郭静仪, 尹华, 彭辉, 等. 木屑固定除油菌处理含油废水的研究[J]. 生态科学, 2005, 24(2): 154-157.

[56] 肖伟洪, 王丽华, 丁海新, 等. 天然多孔灯心草对柴油和机油的吸附实验研究[J]. 江西化工, 2005(2): 68-70.

[57] 李政一. 白酒糟稻壳吸附剂去除水面油污的研究[J]. 安全与环境学报, 2004, 4(3): 64-66.

[58] 王泉泉. 蒲绒纤维基础性能及其吸油性能研究[D]. 上海: 东华大学, 2010.

[59] L. Wang, Z. Xu, Y. Fu, Y. Chen, Z. Pan, R. Wang, Z. Tan, Comparative analysis on adsorption properties and mechanisms of nitrate and phosphate by modified corn stalks, RSC Adv. 8 (2018) 36468-36476.

[60] 蓝舟琳. 玉米秸秆的生物改性及其对石油吸附性能的研究[D]. 广州: 华南理工大学, 2013.

[61] S. M. Abegunde, K. S. Idowu, O. M. Adejuwon, T. Adeyemi-Adejolu, A review on the influence of chemical modification on the performance of adsorbents, Resour. Environ. Sustain. 1 (2020) 100001.

[62] 陆晶晶, 周美华. 吸油材料的发展[J]. 东华大学学报(自然科学版), 2002(01): 126-130.

[63] 周美华, 陆晶晶, 王巍. 新型天然橡胶吸油树脂的研制及其性能研究[J]. 东华大学学报(自然科学版), 2003(05): 90-95.

[64] 朱超飞, 赵雅兰, 郑刘春, 等. 改性玉米秸秆材料的制备及吸油性能的研究[J]. 环境科学学报, 2012(10):

2428-2434.

[65] 谷庆宝, 吴兵, 李发生, 等. 可生物降解吸油材料发展现状与研究进展[J]. 石油化工环境保护, 2002(02): 23-25.

[66] 郭萃萍. 农业废弃物再生吸附剂制备及其性能研究[D]. 上海: 上海交通大学, 2009.

第7章 秸秆基储能材料与应用

在全球背景下，不可再生资源日益枯竭，严重制约着人们生活质量的提高及社会的进步与发展。人们转而聚焦可再生能源的开发与利用，以期将其转化为电能存储并应用到日常生活中。开发绿色环保并且能高效存储与释放能量的储能装置成为急需解决的科学与技术问题之一。

生物炭材料最初主要应用于土壤改良、环境污染物治理等方面，随着能源短缺及对环境友好型电池需求的加剧，开发以生物质碳为原料的离子电池材料受到广泛关注。John B. Goodenough，M. StanleyWhittingham 和 Akira Yoshino 三位著名的锂电科学家获得了2019年诺贝尔化学奖，再次引起人们对电化学储能领域的关注与深入研究。将秸秆经高温或化学处理后，合成的生物质碳材料具有比表面积大、导电性和导热性好、稳定性好、安全性高等特点，有利于离子交换与扩散，是一种良好的储能材料，有望在医用电子设备、交通、电网等领域广泛应用。不仅满足电极材料高安全性和低成本的要求，还可以解决传统电极材料制作过程中产生的环境污染问题。目前，在锂离子电池和超级电容器等储能材料领域人们对秸秆生物质碳进行了深入研究。

7.1 秸秆基锂离子电池储能材料

目前，在各种便携式设备中锂离子电池被广泛应用，在火星探测器、无人飞行器、民航客机等航天航空领域也有了一定应用。随着各国政府对新能源汽车的推广政策，锂离子电池作为其中最核心的部件，需求也会逐年增长。因此亟须在材料创新的基础上研发更高能量比密度、更加廉价、更加绿色、工艺更加简单、便于推广的锂离子电池。

7.1.1 锂离子电池结构与工作原理

锂离子电池主要依靠在负极和正极之间传输的锂离子进行工作，具有高能量密度、优良的循环性能及安全绿色环保等优点。

锂离子电池的主要结构包括正负极、电解质溶液、隔膜及外部包装（如图7.1）。正负极是锂离子电池最重要的结构，承载着充放电反应所依靠的活性物质。正极电位更高，多使用嵌锂过渡金属氧化物及聚阴离子化合物，包括钴酸锂（LCO）、锰酸锂（LMO）、磷酸铁锂（LFP）及三元材料等；而负极则要求采用电位低于正极的材料，并具有高比容量和良好的充放电可逆性，从而在充电过程中维持恒定的尺寸和机械稳定性，比较常见的有石墨、炭纤维、非石墨化炭等；电解质溶液常用锂盐和有机溶剂混合在一起的非水溶液，通常具备优异的离子电导率和较宽的电化学窗口，常使用以碳酸为代表的有机溶剂，如碳酸二甲酯（DMC）、碳酸甲乙酯（EMC）等，锂盐则采用单价聚阴离子锂盐，如六氟磷酸锂（$LiPF_6$）、四氟硼酸锂（$LiBF_4$）等；隔膜的孔径需满足良好的离子通过性，吸液保湿能力强，同时具有电子绝缘性，目前多使用聚合高分子材料薄膜，既能有效地将正极与负极物质分离，又可以阻止电子的来回穿梭，避免短路引起一系列安全事故，最后还必须保证锂离子可以高效穿过，完成吸脱嵌流程；外部包装常使用钢、铝、镀镍铁等金属及其复合材料。

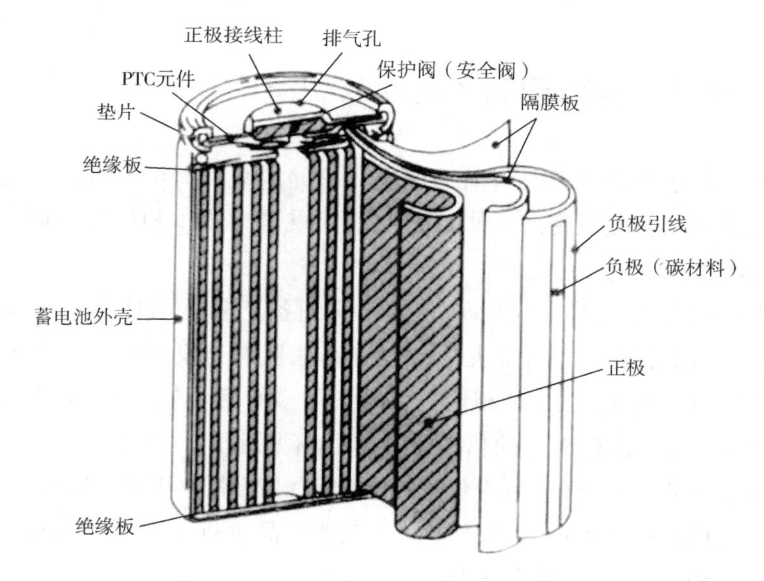

图7.1　锂离子电池结构示意图

锂离子电池的工作原理基于锂离子在阴极与阳极之间不断游离，带动电子在外电路进行循环，最终实现能量的存储和释放。电池在充电过程中，正极产生锂离子，锂离子通过电解液透过隔膜游离到负极。负极使用的炭材料多呈良好的多层结构，游离到负极的锂离子嵌入到炭材料的微孔中。同时，电池在放电过程中，原先嵌入在负极炭材料中的锂离子脱出，重新游离回正极。因此，电池的放电比容量与回到正极的锂离子数量呈正相关，如图7.2。

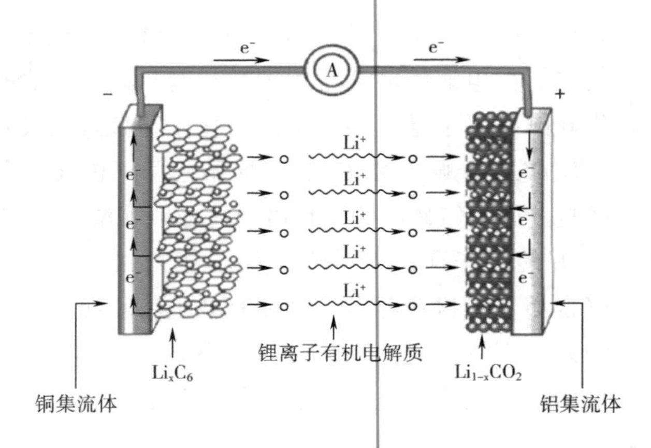

图7.2　锂离子电池工作原理示意图

7.1.2　秸秆炭材料锂离子电池的制备

锂离子电池作为目前最有潜力的电化学储能装置，可高效储存能源。为了满足日益增长的能量密度需求，在尺寸、重量、成本和循环寿命方面进行了深入的研究。

以青稞秸秆为原料，采用磷酸活化法制备了多孔活性炭，并将其用作$LiFePO_4$阴极的导电剂。结果表明，多孔活性炭具有良好的三维多孔结构，与传统的导电剂炭黑Super-P相比，所制备的多孔活性炭在0.1 C下的容量高达153.63mAh/g，具有优异的倍率性能和循环稳定性。以小麦秸秆纤维素为炭源，氢氧化钾（KOH）为活化剂制备麦秆纤维素多孔炭（WSCPC）的方法（如图7.3）。对用不同剂量活化剂处理的样品进行了一系列表征，扫描电子显微镜（SEM）和透射电子显微镜（TEM）证实活化剂与炭的质量比为4:1的样品在表面上具有丰富的孔结构，具有628m^2/g的高比表面积，100次循环后在0.2 C的电流下可逆容量为1420mAh/g。

以小麦秸秆为原料，KOH为活化剂制备了多孔生物炭，并将其用作锂离子电池的负极材料。KOH活化为炭材料提供了高比表面积和独特的分级多孔结构。首次放电中，样品的比容量为797.3mAh/g，初始库仑效率为42.9%；第二次放电后，比容量为342.7mAh/g，库仑效率达到94.6%，随着循环次数的增加比容量稳定在300mAh/g左右。与未活化碳材料相比，由于具有更好的分级多孔结构，活性炭的速率性能和循环性能显著提高。

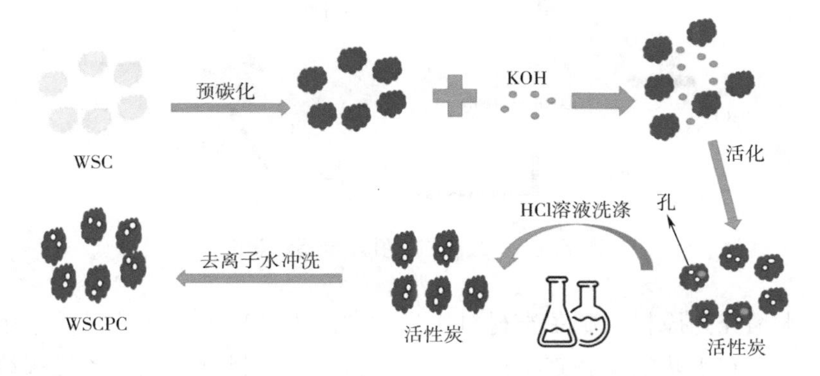

图7.3 小麦秸秆纤维素多孔炭的制备过程

以玉米秸秆纤维素为前驱体，添加$CaCl_2$采用高温炭化活化法制备了一种生物质多孔炭纳米球（如图7.4），具有丰富的多孔性和较大的比表面积，在0.2C下进行100次循环后的比容量为546mA h/g。

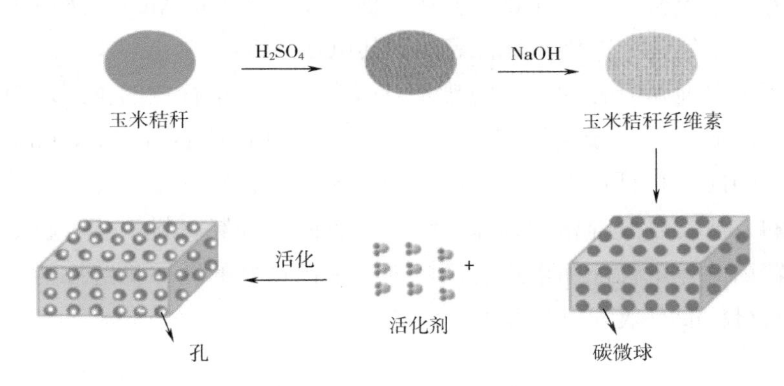

图7.4 玉米秸秆多孔炭制备示意图

采用饱和氯化钠溶液作为硬模板制备的分级富氮多孔炭材料具有丰富的多孔和分层结构，扩大了生物炭材料的孔径，如图7.5。500次循环后，电池的充放电容量保持在521.23mA h/g左右。由于具有更大的分层多孔结构，电池的容量可达到672.19mA h/g，表现出极高的库仑效率（88.61%），充放电容量和循环性能均显著提高。

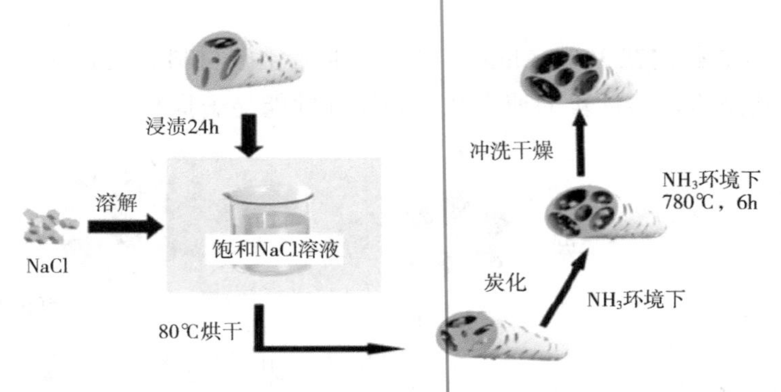

图7.5　分级富氮多孔炭制备示意图

以水稻壳为原料，制备炭材料作为碳源用于锂离子电池。目前常用的提取方法主要有水热炭化和直接炭化等，获得的炭材料制备电池负极测得的比容量比石墨材料的比容量（372mAh/g）高，在75mA/g的电流密度下循环100次后的容量分别为403mAh/g和502mAh/g。稻壳也可以作为硅源制备锂离子电池，通过热处理使用酸或碱溶液浸泡处理去除金属杂质，制备SiO_2。在此基础上，将SiO_2还原为Si，作为负极材料，获得更高的循环性能，在500mA/g的电流密度下100圈后容量仍然保持为1754mAh/g。然后再通过炭包覆、与金属复合、氧化物复合等改善其电化学性能。

锂离子电池随着移动设备的普及及国家对电动车行业的推广，市场将会越来越大。硅基锂离子电池因其拥有的超高的理论比容量（4200mAh/g）备受关注。因此用秸秆作为锂离子电池的硅源，制备硅基锂离子电池是符合时代发展的方法。以废弃秸秆为原材料，制备的多种炭材料，具有较好的微观结构和较高的导电性能和可逆容量，并表现出良好的循环稳定性能，可为废弃生物质材料的有效利用开辟了新途径。

7.2　秸秆基超级电容器电极材料

生物炭具有低成本、高比表面积、孔径分布灵活、良好的加工性能和导电性好等优势，在超级电容器中有着广泛应用。过去几十年中，一直占主导地位的化石能源是制备炭材料的主要来源，但是其不可再生性和储量有限的特征促使人们去开发生物质资源，以满足对不断增长的炭材料的原料需求。生物质资源的开发拓宽了制备炭材料的原料选择范围，也增加了人们对不同类型生物炭的认识，从而改变了人们对传统化石能源的依赖。迄今为止，研究者们以不同生物质为原料，制备了不同维度的生物炭材料，生物炭材料已经成为超级电容器电极材料的一个重要研究方向。

7.2.1 超级电容器概述

超级电容器是兼具电容器和电池优点的一种新型储能装置，既可作为独立供电元件用于特定器件，又可与电池构成混合供电系统。与电池相比，超级电容器具有充放电速度快的优势，能在秒级时间内完成快速的充放电并具备充放电循环百万次以上的能力。超级电容器可以在电极-电解液界面上发生快速的电荷存储和释放，这一点与充放电电池的工作原理类似，但是两者的电荷储存机制是不同的。依据储能机制超级电容器可分为两类：一类是常见的双电层电容器，是基于电极-电解液界面上发生的快速电荷存储和释放，该过程不涉及任何化学反应，仅通过物理存储电荷来实现能量存储，使得超级电容器拥有上百万次充放电循环寿命，属于物理储能机制；另一类是赝电容电容器，是基于电极-电解液界面上发生的可逆氧化还原反应和界面处发生的电化学吸附与脱附行为来实现能量存储和释放，类似化学储能机制。与赝电容相比，双电层电容因其制备简易、生产工艺成熟，使其受到众多领域的青睐，如在可再生能源领域、工业领域、轨道交通等众多领域，它们已经得到了很好的应用。

7.2.2 超级电容器的应用

（1）可再生能源领域的应用

风能、潮汐能、太阳能等可再生能源受自然环境因素的影响较大，具有很大的电流波动性。双电层电容的高功率和超长的循环寿命等特性可以适应大的电流波动，可以改善供电的稳定性和可靠性。

（2）工业领域的应用

双电层电容的超高功率特性可以提供重型机械（如吊机、钻井机、重型矿车、电梯等）启动瞬间所需要的功率；还可以降低重型机械工作过程中消耗的能量，减少传统石油燃料的消耗和尾气排放。高功率的双电层电容使得它能在很短的时间完成充电，因此双电层电容成为理想的应急后备电源，应用于需要避免供电网络出现故障的领域，如通信中心、医疗系统、网络中心等。

（3）轨道交通领域的应用

双电层电容具有循环寿命长、制动能量大、工作温度范围较宽等优点，其在储能式电车、地铁、内燃机、动车、重型运输等交通领域得到应用。

7.2.3 秸秆超级电容器的制备

（1）水稻秸秆基电容器的制备

采用超声波辅助法合成了稻秆基多孔炭材料（如图7.6），该材料具有二维结构和高比表面积。此外，电化学测试结果表明，经过1h超声波处理和600℃较低活化温度的多孔炭材料（UPC-600）表现出最佳性能：在1.0A/g和10A/g的高电流密度下，比电容为420F/g和314F/g。组装成的对称超级电容器在20A/g的电流密度下，能量密度可达11.1Wh/kg，功率密度为500W/kg，经10000次循环后，保持99.8%的比电容。

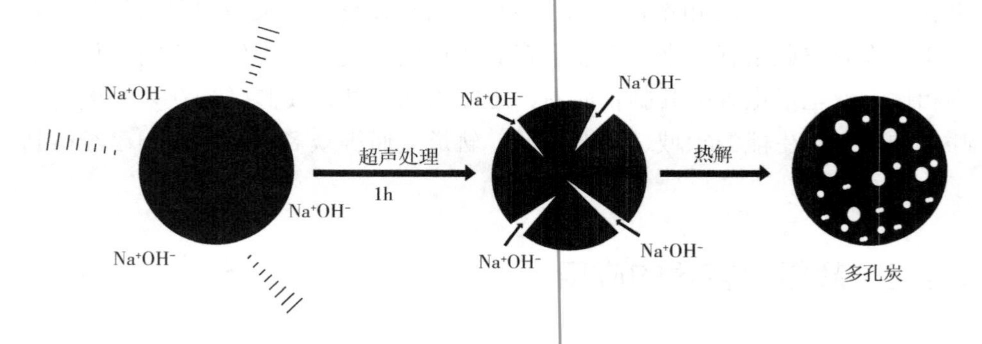

图7.6 超声辅助多孔炭形成的机理示意图

不同秸秆的表面积和形态对电容器的性能也会产生影响，利用稻秆为原料制备炭材料，一种经过预处理，另一种未经预处理。通过预处理形成了表面积为317.6m^2/g的石墨烯状二维薄稻秆炭，而未经预处理形成了表面积为214.13m^2/g的致密活性炭。电化学研究表明，在电流密度为0.5A/g的3M KOH电解液中，类石墨烯稻秆炭比致密稻秆炭（186F/g）具有更好的比电容（255F/g）。类石墨烯稻秆炭的高电容是因为其高比表面积、薄层和多孔结构，允许更快的离子传输。此外，在研究中还观察到10000次循环后的电容保持率为98%，循环能力优异。同样以稻秆为原料，采用碳化和KOH活化两步法制备稻秆炭材料。制备的炭材料具有2651m^2/g的高比表面积（SSA），具有分级孔隙结构。为了提高炭材料的性能，采用氮掺杂策略，以三聚氰胺为前驱体增加材料中的氮官能团。比表面积为2537m^2/g，在6mol/L KOH水电解液中使用电流密度为0.5A/g的掺氮炭材料可获得324F/g的电容。在电流密度为5.0A/g时，10000次充放电循环后，电容保持率为95%。此外，采用离子液体作为超级电容器的电解液。在功率密度为750W/kg时，使用EMI-TFSI电解液可获得48.9Wh/kg的能量密度。

利用稻秆为原料，通过连续水热处理，在三聚氰胺、$KHCO_3$存在下进行煅烧，合成了N掺杂多孔炭，见图7.7。经$KHCO_3$活化后，多孔炭的产率提高了约50%，其性能与KOH相当。额外添加的三聚氰胺不仅引入了含氮官能团，而且还提高了介孔度和比表面积（2786.5m^2/g）。同时，润湿性和导电性也得到了改善。得到的N掺杂多孔炭具有317F/g的比电容。所制备的对称超级电容器具有稳定的循环性能（5000次循环后99.4%的保持率）、合理的速率性能和18.4Wh/kg的最大比电容。

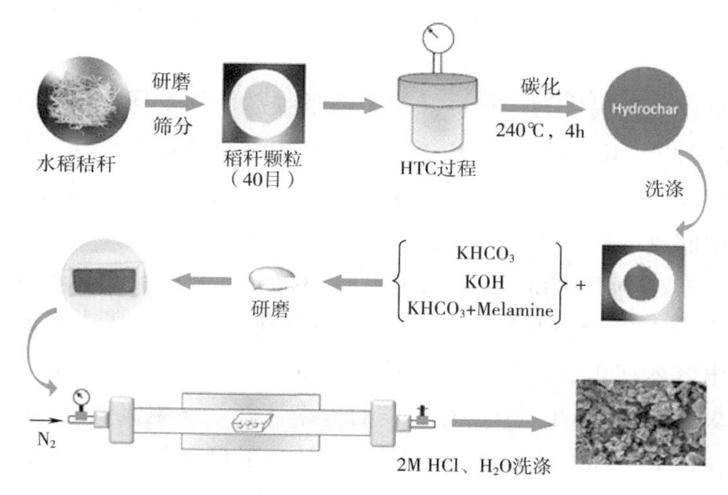

图7.7　以稻秆为原料制备多孔炭的示意图

以稻秆为碳源，通过石墨化和活化相结合的方法合成了三维互连多孔石墨炭材料。通过氮吸附/脱附、傅里叶变换红外光谱、X射线衍射、拉曼光谱、扫描电子显微镜和透射电子显微镜对三维互连多孔石墨炭材料的物理化学性质进行了表征。结果表明，所制备的炭是一种高比表面积的炭材料（比表面积为3333m²/g，具有丰富的介孔和微孔结构）。它在对称双层电容器中表现出优异的性能，电流密度为0.1A/g时比电容高达400F/g，在5A/g的电流密度下，比电容为312F/g，在6M KOH的水电解质中，5A/g电流密度下进行10000次循环后，电容仅损失6.4%。

（2）小麦秸秆基电容器的制备

以小麦秸秆为原料，以氯化钙为活化剂，三聚氰胺为氮源，采用直接热解法将小麦秸秆转化为氮掺杂分级多孔炭（N-HC）。在600～800℃，制备的样品显示出不同的分级多孔结构和氮含量。与其它样品相比，800℃下焙烧的样品显示出大量的微孔、均匀的介孔、高比表面积（892m²/g）和中等氮掺杂（5.63wt%），以其为电极组装的超级电容器具有275F/g的高比电容，电流密度为0.2A/g，即使在8A/g电流密度下，电容保持率也高达81%，在6M KOH溶液中具有优异的循环稳定性（10000次循环后保留率超过97%）。

以不同重量比的煤和麦秆为原料，通过共热溶解制备了一系列碳前驱体，以碳前驱体为原料制备了三维分级多孔炭材料。麦秆与煤重量比1∶3制备的多孔炭材料在电流密度为10A/g时比电容为384F/g，利用其为电极进一步制备了对称超级电容器，10000次循环后，超级电容器的比电容保持率达到98%。

利用小麦秸秆炭作为一种良好的微波吸收剂，从麦秆中快速一步合成多孔炭（如图7.8）。KOH被用于在多孔炭材料中生成丰富的微孔，微波加热与热解气体结合产生的高加热速率导致中/大孔的形成。多孔炭材料中的活性中心与空气中的氧之间一系列后氧化反应导致了含氧化学基团的掺杂。因此，获得的多孔炭具有1905m² /g的高比表面积、丰富微孔（0.62cm³/g）的平衡孔分布、大量中/大孔（0.53cm³/g）和富氧结构（含氧量高达21.6%）。所制备的超级电容器在电流密度0.5A/g时获得268.5F/g的高比电容，而且在凝胶电解液（聚乙烯醇/LiCl）中具有优良的倍率性能，在电流密度10A/g时的高电容保持率为81.2%。该超级电容器在0.5A/g下可获得21.5Wh/kg的高能量密度，在10A/g下可提取7.2kW/kg的高功率密度。

目前，开发了一种简便且环保的制备生物炭材料的方法，利用木质纤维素泡沫炭化，然后用KOH活化，利用农业秸秆合成多孔炭（如图7.9）。将所得的生物质泡沫形成全炭材料，制作超级电容器电极。结果表明，所制备的生物质衍生分级多孔炭（BHPC）材料在KOH活化后具有772m²/g的高比表面积，并含有与6 M KOH电解液相匹配的微孔（1.05～1.74nm）。高孔隙率和相互连接的三维纳米结构提供了电解质中离子的有效迁移，因此BHPC显示了超级电容器的优异电化学性能。在三电极系统中，当电流密度为0.5A/g时，在−1.0～0V的电位窗口内，比电容达到226.2F/g，比表面积电容为29.3μF/cm^2。

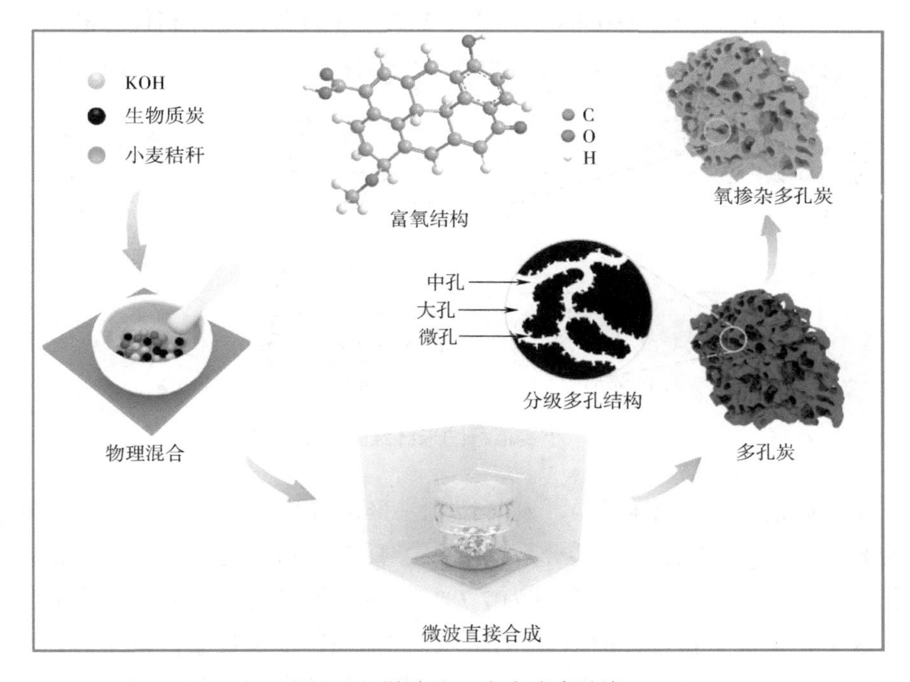

图7.8 微波法一步合成多孔炭

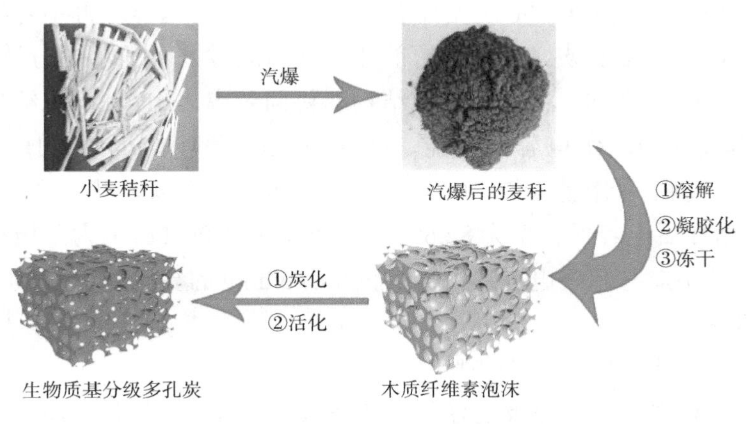

图7.9 生物质衍生分级多孔炭制备示意图

以废麦秸、聚丙烯腈（PAN）和*N, N*-二甲基甲酰胺（DMF）为原料，采用静电纺丝法制备了麦秸碳纳米纤维电极材料（如图7.10）。麦草碳纳米纤维前驱体经KOH活化、预氧化、炭化后，得到不同质量比的聚丙烯腈/麦草碳复合纳米纤维电极材料。其中含有10%麦秸碳的复合纳米纤维具有优异的电化学性能，在电流密度为0.4A/g时具有249.0F/g的高比电容和优异的循环稳定性，在电流密度为2A/g时循环1000次后仍保持96.4%的电容保持率。

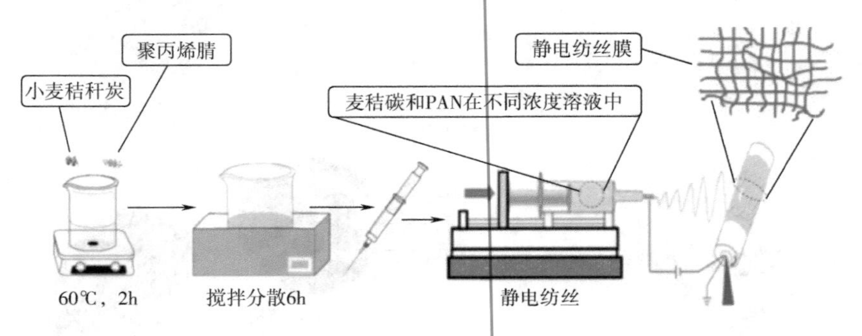

图7.10　小麦秸秆纳米纤维的制备工艺

通过碳前体（小麦秸秆）、氮前体（三聚氰胺）和盐模板（51∶49比例下的$KCl/ZnCl_2$混合盐）的共分解，获得了具有高超级电容器性能的氮掺杂多孔炭材料（NPCMs），氮含量为7.78%。该材料具有223.9F/g的优异比电容，这主要是由于盐模板的活化增加了比表面积，而氮掺杂降低了其离子传输电阻。热解产物中硅的去除有效地提高了材料的电容，但如果在热解前从原料中去除硅，则会对电容产生负面影响。热解后将硅去除可显著提高炭材料的循环稳定性，在10000次循环后保持了91.4%的电容。将小麦秸秆用作合成生物质衍生多孔炭（BPC）的前体，然后通过一种简单的方法用Fe_2O_3超薄膜对其进行修饰。得益于分级结构和协同效应，BPC/Fe_2O_3纳米复合材料表现出较好的超级电容器性能，即在电流密度为1A/g时，比电容可达987.9F/g，高倍率容量（在30A/g时为423.8F/g），以及优异的循环性能（3000次循环后电容保持率为82.6%）。此外，以BPC/Fe_2O_3为阳极材料组装而成的水性不对称超级电容器，可提供96.7Wh/kg的高比能量和20.65kW/kg的高比功率。

（3）玉米秸秆基电容器的制备

玉米秸秆也是制备超级电容器的良好原料，以玉米秸秆为原料，通过简单的炭化和活化工艺制备具有独特微孔结构的多孔炭，并将其用作超级电容器的电极材料。获得的多孔炭具有高比表面积（$408m^2/g$）和适当的孔径分布（1nm至2nm），提供了多个储能位点和离子扩散路径，有效地改善了电化学特性。在对称超级电容器系统中，所制备的电极在水电解液中循环2000次后，表现出125F/g的高比电容和优异的循环稳定性，电容保持率为88%。此外，在有机电解液中获得了15.3Wh/kg的高能量密度和62F/g的比电容。以玉米秸秆为原料，采用水热炭化和KOH活化两步法合成了具有一定石墨化程度的分级多孔炭。层状多孔炭的孔结构和电化学性能与水热炭与KOH的质量比密切相关。分级多孔炭（水热炭与KOH的质量比为1∶1）在0.5A/g的电流密度下具有285F/g的最佳比电容，并且在2000次充放电循环后仍然具有良好的循环稳定性和91.3%的高电容保持率，显著优于其它生物基炭材料，可能由于分级多孔炭具有丰富的孔结构和较大的比表面积（$1229m^2/g$）。

以玉米秸秆为原料制备了多孔炭材料（如图7.11），并将其用作双电层电容器的活性电极。在KOH活化过程中，KOH生物炭的比例显著影响合成炭的微观结构，进而影响电容性能。优化后的炭材料具有典型的分级孔隙率，由多级孔组成，具有高比表面积和高达$2790.4m^2/g$和$2.04cm^3/g$的孔体积。这种分级的微-中-宏观孔隙率显著改善了生物炭的电化学性能。获得的最大比电容为327F/g，并在100A/g的超高电流密度下保持205F/g的高值。同时，所制备的超级电容器在碱性电解液中以5A/g的速率进行120000次循环时，表现出优异的循环稳定性。此外，生物炭在中性Na_2SO_4溶液中可以获得1.6V的工作电压，并且表现出227F/g的高比电容，因此提供了20.2Wh/kg的出色

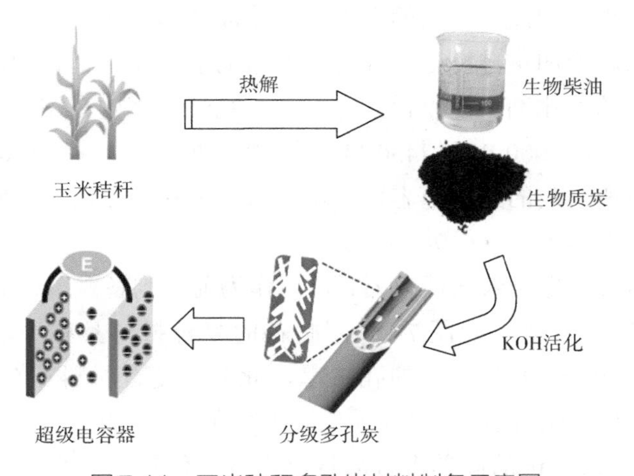

图7.11　玉米秸秆多孔炭材料制备示意图

能量密度。

玉米秸秆在500℃下直接炭化制备的炭材料分散在高锰酸钾溶液中，并在140℃进行水热处理12h，最后制备了 δ-MnO_2/C复合材料。δ-MnO_2/C比纯MnO_2/C具有更低的扩散电阻和更快的离子传输速度，可能由于 δ-MnO_2形成了更为细观和宏观的多孔结构。以5mV/s的扫速下，δ-MnO_2/C具有520F/g的高比电容。循环稳定性优异，在5A/g下，充放电5000次后，电容保持率约为80.9%。

通过活化从玉米秸秆农业副产品中提取的超细纤维素制备了多孔炭纤维。与直接活化秸秆制备的多孔炭不同，纤维素所制备的多孔炭具有典型的一维形貌和高比表面积（2013m^2/g）和大孔隙体积（1.27cm^3/g）。研究了$ZnCl_2$/纤维素质量比对电化学性能的影响，优化后的PCF（1∶1）比PC（1∶1）样品具有更高的比电容，可能归因于改善的比表面积及纤维状形态，与PCS相比，它具有较短的离子扩散路径和较小的界面电阻。PCF在0.5A/g时，具有230F/g的高比电容，表现出良好的比率能力。组装的对称超级电容器具有1.8V的宽电位窗口、较小的电化学阻抗和优异的循环性能。此外，在功率密度为450.4W/kg时获得16.0Wh/kg的高能量密度，在14194.3W/kg的高功率密度下功率密度为6.9Wh/kg。

通过微波辅助水热活化方法，使用少量钾基催化剂制备了一系列玉米秸秆水热炭作为电极材料。研究发现，微波辐射不仅可以加速水解，有利于炭骨架的强烈解聚和重组，而且可以促进钾基催化剂在碳层之间的移动，从而产生石墨化效果。因此，不同的孔隙和在微波辅助水热活化过程中，玉米秸秆分子结构的解聚和重排可以形成有序的微晶层。通过延长微波辐射时间和使用少量的钾基催化剂，可以得到一系列微观结构高度有序、孔隙层次发达的碳氢化合物。在1000 W和2450 MHz的条件加热，并保持100min制备的玉米秸秆水热炭所组装的超级电容器，电流密度为0.5A/g时，获得功率密度和能量密度分别为340W/kg和96 W h/kg。

分别使用可再生玉米秸秆和大豆蛋白作为前体制备氮掺杂活性炭/石墨烯（N-AC/Gr）复合材料（如图7.12）。制备的复合材料具有中等的比表面积（1233.6～1412.9m^2/g）和丰富的孔隙率，此外，复合材料在0.05A/g下具有378.9F/g和257.7F/cm^3的高单电极重量比电容和体积比电容，在20A/g下具有321.1F/g和213.2F/cm^3的高单电极质量比电容和体积比电容，在6M KOH电解液中保持率高达66.4%。组装的对称超级电容器在2A/g下进行10000次循环后，表现出卓越的循环耐久性和93%的保留率，并提供13.1Wh/kg（11.1Wh/L）的高能量密度和12.5W/kg（10.6W/L）的功率密度。

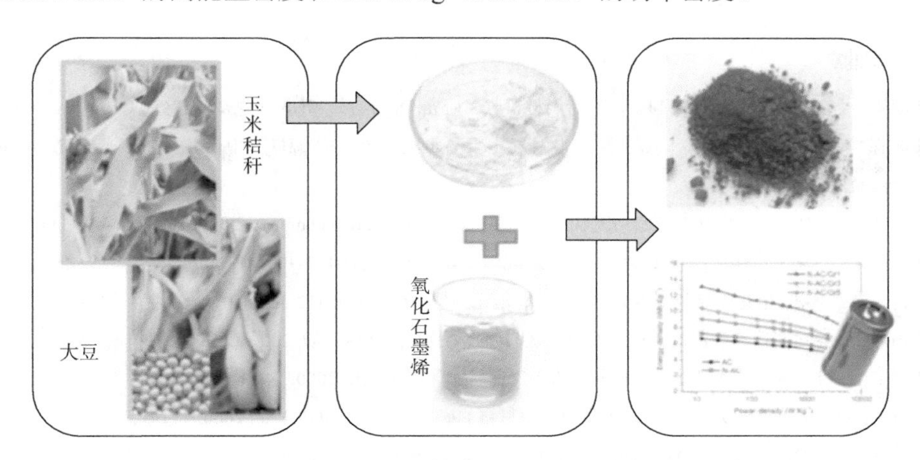

图7.12　玉米秸秆和大豆蛋白制备的活性炭/石墨烯复合材料示意图

吉林工程技术师范学院生物质功能材料交叉学科研究院成员制备的玉米秸秆炭负载$NiCo_2S_4$@$NiMoO_4$材料具有核-壳结构，显著拓宽了复合材料的工作电位窗口，提高了能量密度。该电极材料具有较高的电化学性能（在5mA/cm^{2}的电流密度下为1447F/g）和良好的稳定性（10000次循环后比电容仅降低12%），如图7.13。

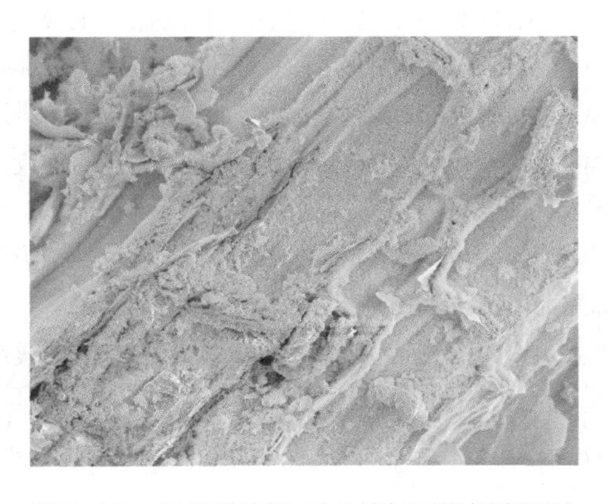

图7.13　秸秆炭基复合材料扫描电镜图片

综上，秸秆基生物质炭材料不仅为锂离子电池、超级电容器等储能器件电极材料的开发提供了一种新的途径，而且为高值化利用废弃秸秆，减少其在农村地区焚烧而污染环境提供了一种新的选择，从经济和环境角度来看，利用农作物秸秆制备储能材料是意义重大而且前景广阔的。

参考文献

[1] 闫鹏. 小麦秸秆生物质碳的制备及其储能材料应用研究[D]. 南昌: 南昌大学, 2019.

[2] 庞保华, 牟丹, 李秋霖. 中国能源未来发展主要方向之分布式能源[J]. 中国化工贸易, 2017, 9(14): 218-221.

[3] 王伟兴, 康庆华. 国内外能源利用现状分析[J]. Yunnan Chemical Technology, 2019, 46(6): 48-49.

[4] 吴宇平. 锂离子电池应用与实践[M]. 北京: 化学工业出版社, 2004: 1-400.

[5] 吕迎春, 李泓. 电化学储能基本问题综述[J]. 电化学, 2015, 21 (5): 412-424.

[6] 由环宇. 论述我国新能源汽车产业发展现状问题及对策[J]. 环球市场, 2017, (24): 38.

[7] 麦立强, 邹正光. 锂离子电池正极材料的研究进展[J]. 材料导报, 2000, 14(7) : 32-35.

[8] 颜剑, 苏玉长, 苏继桃, 等. 锂离子电池负极材料的研究进展[J]. 电池工业, 2006, 41 (4) : 27-281.

[9] 吴升晖, 尤金跨. 锂离子电池碳负极材料的研究[J]. 电源技术, 1998, 22(1) : 35-39.

[10] M. Chen, C. Yu, S. Liu et al. . Micro-sized porous carbon spheres with ultra-high rate capability for lithium storage. Nanoscale 7(5), 1791-1795 (2015).

[11] 黄学杰. 锂离子电池及相关材料进展[J]. 中国材料进展, 2010, 29(08): 46-52+36.

[12] T. Deng, X. Zhou, Porous graphite prepared by molybdenum oxide catalyzed gasification as anode material for lithium ion batteries. Mater. Lett. 176, 151-154 (2016).

[13] 马静波. 锂离子电池用高容量碳基负极材料的研究[D]. 贵阳: 贵州大学, 2020.

[14] 李思媛. 生物质基碳材料的制备及其电催化性能研究[D]. 北京: 北京化工大学, 2020.

[15] 赵蒙蒙, 姜曼, 周祚万. 几种农作物秸秆的成分分析[J]. 材料导报, 2011, 25(16): 122-125.

[16] 郝婕. 稻壳制备锂离子电池炭负极材料的研究[D]. 长春: 东北师范大学, 2004.

[17] W. Sun, R. Hao, Porous Activated Carbon Prepared from Highland Barley Straw by Phosphoric Acid Activation as a Conductive Agent for Improving Electrochemical Performance of LiFePO4 Cathodes. Int. J. Electrochem. Sci. , 16 (2021), 210442.

[18] K. Yu, B. Wang, P. Bai, et al. Wheat Straw Cellulose Amorphous Porous Carbon Used As Anode Material for a Lithium-Ion Battery. Journal of Electronic Materials. , (2021) 50: 6438-6447.

[19] 朴海燕, 朴秀進, 孟龙月. MgO 模板法制备沥青基多孔炭材料及其气体吸附性能研究[J]. 材料导报, 2015, 29: 440-442.

[20] 孙金菊, 高建民. KOH 活化法制备汉麻秆活性炭及其微孔结构的研究[J]. 功能材料, 2014, (45): 21136-21239.

[21] 李慧琴. 汉麻杆基活性炭的制备及表征[D]. 北京: 北京化工大学, 2007.

[22] 谢新苹, 蒋剑春. 磷酸活化剑麻纤维制备活性炭试验研究[J]. 林产化学与工业, 2013, 3: 105-109.

[23] 徐新花. 汉麻韧皮及亚麻织物活性炭纤维的制备与表征[D]. 北京: 北京化工大学, 2007.

[24] G. Zhou, J. Yin, Z. Sun, et al. An ultrasonic-assisted synthesis of rice-strawbased porous carbon with high

performance symmetric supercapacitors. RSC Advances. (10) 2020, 3246.

[25] 韩磊，杨儒，张建春．汉麻杆基活性炭表面织构与储氢性能的研究[J]．无机化学学报，2019，25: 2097-2104.

[26] K. Charoensooka, C. Huanga, H. Taia, et al. Preparation of porous nitrogen-doped activated carbon derived from rice straw for high-performance supercapacitor application. Journal of the Taiwan Institute of Chemical Engineers. (120) 2021, 246-256.

[27] 石雨．汉麻秆基活性炭的制备研究[J]．黑龙江科学, 2016, 7: 12-13.

[28] 姜靓，王静．生物质碳材料的制备及其应用研究进展[J]．东化工, 2018, 47(16): 69-70+72.

[29] 张子明，薛国新，郭大亮，等．热解不同生物质制备碳材料研究[J]．中华纸业, 2018, 39(04): 20-24+31.

[30] H. Jin, J. Hua, S. Wu, et al. Three-dimensional interconnected porous graphitic carbon derived from rice straw for high performance supercapacitors. Journal of Power Sources. (384) 2018, 270-277.

[31] 刘旌江．氯化钙活化生物质废弃物高效制备高比电容多级孔杂原子掺杂碳[D]．广州：华南理工大学, 2016.

[32] 吴雪艳，王开学，陈接胜．多孔炭材料的制备[J]．化学进展, 2011, 24(0203): 262-274.

[33] 高书燕，苏景振．生物质基碳材料作为氧还原反应催化剂的研究进展[J]．化学通报，2015，78(8): 743-743.

[34] 王兆翔，陈立泉，黄学杰．锂离子电池正极材料的结构设计与改性[J]．化学进展，2011，23(0203): 284-301.

[35] 解恒参，赵晓倩．农作物秸秆综合利用的研究进展综述[J]．环境科学与管理, 2015, 40(1): 86-90.

[36] 冯玉杰，王鑫，王赫名，等．以玉米秸秆为底物的纤维素降解菌与产电菌联合产电的可行性[J]．环境科学学报, 2009, 29(11): 2295-2299.

[37] W. Yang, Z. Shi, H. Guo, et al. Study on Preparation of Nanocarbon Fibers from Wheat-Straw Based on Electrostatic Spinning Method and its Application in Supercapacitor. Int. J. Electrochem. Sci. , 12 (2017) 5587-5597.

[38] 刘春梅．阳极结构对微生物燃料电池性能影响及阳极传质特性研究[D]．重庆：重庆大学, 2013.

[39] K. Fang, J. Chen, X. Zhou, et al. Decorating biomass-derived porous carbon with Fe2O3 ultrathin film for high-performance supercapacitors. Electrochimica Acta. 261 (2018) 198-205.

[40] 袁航．采用玉米秸秆制备锂离子电池硅负极材料的研究[D]．长春：吉林大学, 2021.

[41] 张楠，杨兴明，徐阳春，等．高温纤维素降解菌的筛选和酶活性测定及鉴定[J]．南京：南京农业大学报, 2010, 33(03): 82-87.

[42] Z. Qiu, Y. Wang, X. Bia, et al. Biochar-based carbons with hierarchical micro-meso-macro porosity for high rate and long cycle life supercapacitors. Journal of Power Sources. 376 (2018) 82-90.

[43] 刘婷婷．以玉米秸秆为阳极底物的微生物燃料电池的产电性能[D]．沈阳：沈阳化工大学, 2018.

[44] 牛文娟．主要农作物秸秆组成成分和能源利用潜力[D]．北京：中国农业大学, 2015.

[45] Y. Cao, K. Wang, X. Wang, et al. Hierarchical porous activated carbon for supercapacitor derived from corn stalk core by potassium hydroxide activation[J]. Electrochimica Acta, 2016, 212: 839-847.

[46] 吴文韬. 一株纤维素降解菌的分离、鉴定及对玉米秸秆的降解特性[J]. 微生物学通报, 2013, 40(4): 712-719.
[47] 张胜利, 李丹丹, 宋延华, 等. 玉米秸秆制备活性炭用于锂硫电池的研究[J]. 郑州轻工业学院学报(自然科学版), 2014, 29(5): 1-5.
[48] 白佩明. 小麦秸秆纤维素碳在锂离子电池负极材料中的应用[D]. 长春: 吉林大学, 2021.
[49] 关中相. 汉麻秸秆基生物质碳用于锂离子电池负极及其电化学性能研究[D]. 长春: 吉林大学, 2020.

第8章

秸秆基新型材料与应用

秸秆作为重要的生物质资源，其潜在利用价值已被政府部门、科研单位和企业重视，从不同领域积极开展秸秆综合利用的研发，取得了系列研究成果。近几年，秸秆的材料化研发与利用主要集中在建筑、造纸、包装、吸附、储能等领域，但随着3D打印等新技术的研发与应用，使秸秆在新3D打印材料、凝胶材料、胶黏剂、汽车内饰材料等方面拥有潜在的应用前景。

8.1 秸秆基3D打印材料

8.1.1 3D打印概述

3D打印技术，又称增材制造技术（additive manufacturing），是运用计算机辅助设计建立待打印物体的3D数字化模型，或通过影像技术（如磁共振成像和计算机断层扫描）构建模型，并对模型数据进行二维分层切片化，通过计算机控制3D打印系统，进行逐层堆积材料，最终形成三维立体结构物体的一个制造过程。

3D打印技术是智能制造领域的一项颠覆性创新技术，必将深刻影响和改变社会生产模式与人类生活方式。更为重要的是这一技术的出现与研发为多元化、高值化利用生物质材料提供了新的机遇和发展方向，是生物质材料产业化发展与可再生利用的又一全新途径。3D打印材料的开发与3D打印智能制造技术密切相关，是该技术可持续发展的关键和核心要素之一。3D打印技术自1986年开始已经慢慢渗透到人们的日常生活中，在科研、教育、生物医学、原型制造等方面均发挥着积极作用。3D打印所使用的原材料也随着科研人员的不断开发而不断拓宽，现已开发出对生物质纤维素进行加工，或者将其作为填料加入到基质中。

聚乳酸是目前3D打印材料最常使用的原材料，具有良好的力学性能、加工制造性能和生物相容性。然而其主要缺陷是成本高，难以普遍化、产量化使用。为此，利用每年大量产生的秸秆生物质原料复合“绿色高分子材料”聚乳酸，既能降低成本，又能保护环境；既能废物利用，又能为绿色制造技术提供生态型原材料。通过对秸秆种类、研磨粒径、秸秆量、添加剂种类、添加剂含量等因素进行优化，采用化学法、物理法及生物法对秸秆进行改性处理，制备3D打印材料，并对成型材料的理化性能和机械性能进行研究，可促进回收农作物秸秆资源转化为3D打印材料，大大降低3D打印材料成本，减少3D打印材料的进口依赖度，提高3D打印成型质量。农作物秸秆资源的创新回收利用，填补了3D打印材料的市场空白，促进了新的经济增长点，加快了3D打印的产业化进程。

3D打印材料在熔融沉积成型中需经过固相、熔融态、冷却固化三个阶段，所以要求材料具有良好的热稳定性、流动性和一定的强度。聚烯烃是一种无色、无味、流动性较好的材料，聚丙烯是应用广泛的工程塑料，强度较好，但冷却收缩率较大，打印过程容易翘曲。线性低密度聚乙烯力学性能、加工性能较差，打印过程中容易出现卷曲、收缩等现象。所以纯聚丙烯、聚乙烯直接用作3D打印材料存在一定困难。而以秸秆等为原料制备的木塑复合材料能够改善纯聚烯烃的力学性能、翘曲等缺陷，通过聚丙烯和线型低密度聚乙烯优势互补改良复合材料的基体性能。其中木粉、玉米秸秆等生物质原料的可降解性较好，常用作填充原料，且具有一定的增强作用，但它们表面存在着大量的极性基团，与基体相容性较差。木质纤维素材料自身无法熔融或溶解于常规溶剂，因而难以适用于常规的3D打印机。开发新型溶剂，或对木质纤维素材料进行改性修饰，或研发改造能够适用于木质纤维素材料的3D打印机，均为3D打印生物质基材料提出了发展方向，拓宽了应用范围。可通过乙酰化等改性方法降低极性，改善木粉、玉米秸秆与PP-LLDPE基体的相容性，通过单螺杆熔融挤出法制备木塑复合线材，拓展其应用于3D打印材料的可行性。

8.1.2 制备工艺的优化

3D打印机以粉末状金属或塑料等可黏合材料为耗材，在计算机程序的控制下，采用逐级、逐层打印的方式形成实体模型。该技术简化了产品制造中的工艺流程，使其生产效率大大提高，工业生产制造走向精细化和速度化。

以聚乳酸（PLA）和不同粒度豌豆秸秆粉（PSP）为原料，利用FDM-3D打印工艺制备了PSP/PLA复合材料，见图8.1。研究了纯PLA及PSP/PLA的密度、力学性能、表面润湿性能及不同温度下的吸水率。结果表明，相比于纯PLA，轻质PSP的添加使得复合材料的密度减小并保持在1.04g/cm^{3}附近；120目PSP/PLA复合材料的拉伸和弯曲性能最优，拉伸强度和拉伸模量分别是纯PLA打印试样的86.95%和90.70%，弯曲性能与纯PLA打印材料相当，弯曲强度与纯PLA打印试样相比仅相差0.53%；随着PSP粒度的减小，3D打印复合材料的表面接触角逐渐减小，当PSP粒度为200目时，接触角降低至84.93°，疏水性减弱而亲水性增强；复合材料吸水率高于纯PLA，且比纯PLA更易受温度影响，120目PSP/PLA吸水率最低。常见生物质秸秆/聚乳酸复合材料3D打印工艺参数以及力学性能对比见表8.1。

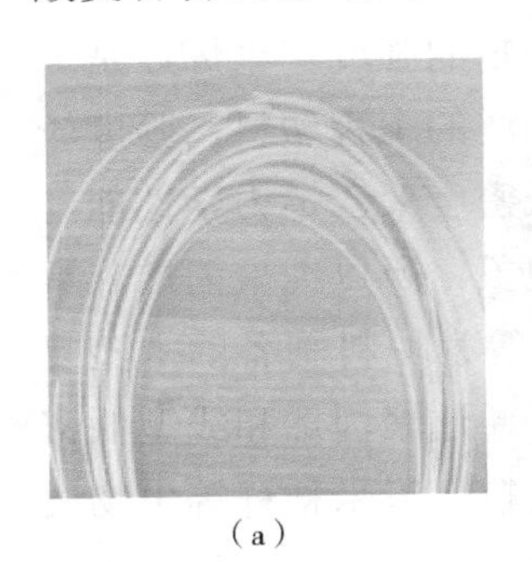

（a）

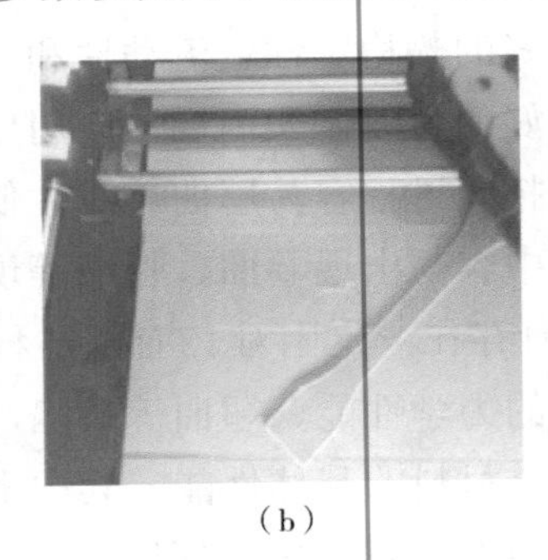

（b）

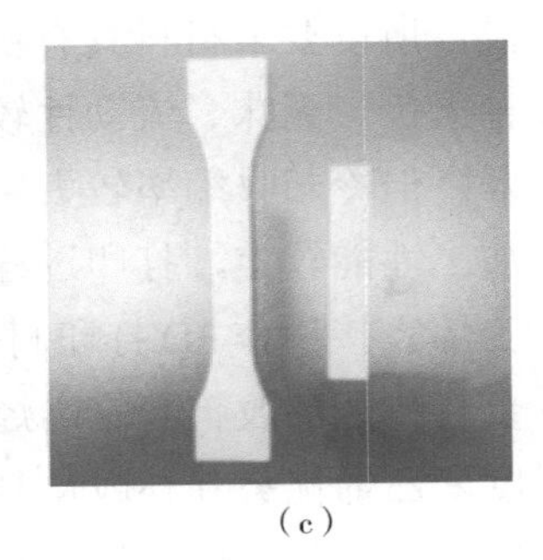

（c）

图8.1　3D打印用PSP/PLA-CM线材及标准打印试样

表8.1　常见生物质秸秆/聚乳酸复合材料3D打印工艺参数及力学性能对比

材料	温度/℃	填充度/%	速度/mm·s^{-1}	层高/mm	拉伸强度/MPa	弯曲强度/MPa	拉伸模量/MPa	弯曲模量/MPa	冲击强度/MPa	断裂伸长率/%
纯聚乳酸	220	100	30	0.2	34.2	/	/	/	/	8.19
豌豆秆/聚乳酸	205	100	55	0.2	38.79	60.59	395.72	2322.2	/	/
松木/聚乳酸	195	100	50	0.2	82.23	101.2	/	/	/	/
麦秸秆/聚乳酸	230	100	20	0.2	/	60.51	/	/	12.84	/

东北林业大学研发出了一种利用稻壳和秸秆等农林废弃物制成的新型复合材料，通过激光3D打印技术可制作出强度高、精度准的3D模型，这种新型3D打印复合材料已接到北京、上海等机械制造及3D打印企业的订单。经过几年实验，研发出利用木粉、竹粉、玉米棒粉及稻壳秸秆粉与塑料按比例混合的一种新型3D打印复合材料。这种复合材料主要是利用农林废弃物，经过调整添加比例，调节材料最终达到的强度，在激光烧结过程中性能稳

定、易成型、成型件尺寸精度高，其力学强度可与木材、聚合物及陶瓷等材料相媲美。

通过3D打印成型制备了杨木粉/PBAT/PLA复合材料，其参数设置为：打印温度为190℃、打印速率为40mm/s、底板温度为50℃、壳厚为0.6mm，打印制得标准拉伸样件。采用熔融挤出和3D打印的方法制备了PLA/木粉3D打印复合材料，并研究了甘油用量对复合材料性能的影响。其中3D打印成型参数设置为：打印机喷头温度设为230℃，层高0.2mm。采用正交试验设计的方法，通过麦秸秆/聚乳酸复合材料的力学性能进行测试，其中3D打印成型的填充密度为100%，层厚为0.2mm，打印速度为20mm/s，打印温度为230℃。利用秸秆纤维素制备纤维素/聚氨酯复合材料，如图8.2。

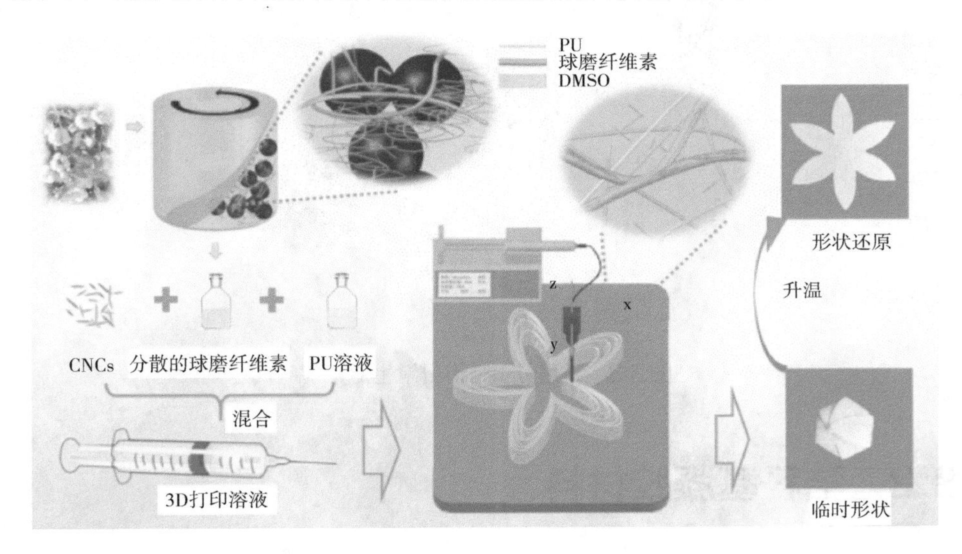

图8.2　3D打印制备纤维素/聚氨酯复合材料实验流程图

8.1.3　应用前景

如图8.3所示，秸秆等原料经过加工后可以打印出木纹餐具、花瓶、茶壶等生活常用品，这种采用农作物秸秆经3D打印所生产的产品具有天然的草木色纹理与秸秆特有的清香，使所打印出来的产品更具木质感，不仅实用，还具有观赏价值。这种耗材可以满足对一些木质打印品的需求，同时又能保证打印品的柔韧性，以此满足消费者对特定打印物品的需求。

利用3D打印技术还可制作工艺模型和私人定制产品，传统方法需工艺设计人员在制作产品模型时花费大量时间和精力开手板模，既不精确，且需花费的时间较长。利用3D打印技术后，只需要花几个小时，成本只需几十元，便能够精准地制作模型或个性化定制产品。利用秸秆3D材料打印出的产品，更具有一种古朴感，且绿色环保，具有非常广泛的应用前景。除了生活常用品，秸塑材料适用于生活日用品、市政用品、酒店易耗品等方方面面，正在向电器、汽车行业推广，凡是塑料领域都可以去作应用推广。秸秆3D打印技术不仅实现农作物秸秆循环、高效、经济利用，减少污染，提高生物质废弃物的高值化利用率，还可促进农作物秸秆在新型复合材料的推广应用。

图8.3　秸秆3D打印日常生活用品

8.2　秸秆基凝胶材料

8.2.1　气凝胶材料

（1）气凝胶简介

气凝胶是一种新型的纳米多孔、低密度材料，是由纳米级胶体粒子或高聚物分子等构成的多孔固体材料。该类材料的纳米三维网络骨架结构使其具有较低的密度（0.01～0.4g/cm^3）、较高的比表面积（30～600m^2/g）和较低的热导率等优异特性，也是目前合成材料中已知最轻的凝聚态材料。最早制造发明气凝胶材料的是美国斯坦福大学的Kistler教授，他通过水解水玻璃获得二氧化硅凝胶并通过超临界干燥的方法首次得到了硅系气凝胶材料。随着技术的发展和进步，不断有高分子聚合物、金属氧化物等材料为主体的气凝胶材料等被相继开发出来。实现了从无机的氧化硅、氧化铝、氧化钛到硫化物、有机聚合物等原料的气凝胶材料的制备。气凝胶材料的多样性及特殊的物理化学性质，使该类材料一直成为科学研究的热点。

由于纤维素同时具备优越的力学性质、可再生性、生物相容性及环境友好等特点，引起了研究者们的广泛关注。尤其是以纤维素气凝胶作为基础的增强体或模板，对基体材料的密度、特性产生的影响较低，但是却可以在较大程度上提高其力学性能，因此研究者们开始关注于氧化物气凝胶与生物质纤维素气凝胶的复合，以获得不同功能与结构的复合材料。

（2）气凝胶的制备与应用

利用TEMPO氧化法得到的纳米纤维素成功制备了银掺杂的纤维素气凝胶材料。由于氧化法纳米纤维素表面有较多的羧基基团。同时这些基团带有负电，因此能够为带正电的银离子提供了吸附位点并吸附银离子于纳米纤维素的表面。该实验利用还原剂将银离子经过还原后，对样品进行冷冻干燥得到了轻质多孔的银修饰的气凝胶材料。

利用氢氧化钠一尿素体系制备了纤维素气凝胶，并以此为模板材料，在纤维素凝胶基础上原位修饰SiO_2。所得到的纤维素/二氧化硅气凝胶不仅具有很高的强度，而且保持了纤维素气凝胶柔韧性的特点。BET表征结果显示，复合气凝胶材料仍然具有较高的比表面积664m^2/g。同时复材气凝胶的拉伸模量和强度也分别达到了48.2MPa和10.8MPa。该课题组同时利用氢氧化钠/尿素体系首先制备了纤维素水凝胶，并通过原位气相聚合吡咯单体方法，在纤维素水凝胶基体上原位生成了导电聚合物（聚吡咯），通过超临界二氧化碳干燥法得到相应的气凝胶材料，所制备复合材料具有导体的特性。透射电镜表征结果表明，聚吡咯以球形纳米粒子尺寸为40～60nm分散在纤维素气凝胶的骨架结构上。并且经过聚吡咯修饰的气凝胶材料其强度有了一定的增强。同时，复合气凝胶的电导率达到了0.08S/cm。利用纤维素纳米晶为模板材料制备出了具有中空管式结构的无机金属氧化物纳米管材料。作者利用此方法分别制备了氧化锌纳米管、二氧化钛纳米管和三氧化二铝三种纳米管，并将所制备的二氧化钛纳米管用于湿度传感器方面。所制备的传感器在湿度范围为40%～80%内体现出了优异的快速响应的特点。以纳米纤维素和氧化石墨烯为主要原料制备了纳米纤维素/氧化石墨烯/氮氧化钼复合气凝胶材料，并用于超级电容器，体现出了优异的电化学性能。用在超级电容器的水相电解液中其超级电容器容量达到了680F/g，在以离子液体为电解液的条件下518F/g。同时所制备样品最大的能量密度达到时114Wh/kg。以纤维素气凝胶作为凝胶聚合物电解质骨架结构制备高安全性能的锂离子电池。该研究采用离子液首先将纤维素溶解，并通过再生和超临界干燥的方法制备了纤维素气凝胶材料。所制备的气凝胶样品比表面积达到了223.8m^2/g，孔隙率为79.4%，平均孔径为27.9nm。研究发现，由于纤维素气凝胶材料具有高的比表面积及表面上大量的羟基结构，因此非常有利于凝胶电解质的吸附，同时也增强了电解质的离子导电能力。所组装的锂离子电池体现了非常优异的电化学性能和高温稳定性能。

利用纤维素为主体骨架结构制备碳酸钙修饰的气凝胶材料，并用于吸附染料刚果红的应用研究。复合纤维素材料是通过利用氢氧化钠-尿素体纤维素溶液体系中冷冻交联得到的纤维素胶体为基础材料，并通过原位再生的手段原位生成碳酸钙粒子，并附着于气凝胶结构中。利用制备材料对染料吸附的结果显示，经碳酸钙修饰后的气凝胶材料对刚果红染料的吸附能力明显增大。机理分析结果表明，染料分子与纤维素上的羟基形成吸附位点外，还与表面的碳酸钙粒子形成吸附位，从而增强了复合材料整体的吸附性能，制备了Cu_2O纳米粒子修饰的纤维素气凝胶材料，并应用于光催化降解有机染料。首先利用NaOH/尿素溶解体系溶解纤维素，并与丙烯酸和丙烯酰胺单体共聚的方法合成了纤维素复合气凝胶材料。同时，利用原位合成的方法在已制备好的气凝胶材料上成功地负载了Cu_2O纳米粒子。实验结果表明，复合纤维素骨架结构能够有效地增强Cu_2O纳米粒子的光生电子和光生空穴的分离作用，从而增强了其光催化降解有机染料的性能。同时复合气凝胶材料与粉末状的光催化材料相比，具有更易于回收利用的优点。

以上研究中，以纤维素作为气凝胶的基体材料提供了轻质且多孔的骨架结构。同时利用不同的方法对纤维素气凝胶材料进行了修饰和改性，得到了具有特殊性质和功能的新型气凝胶材料，在储能材料电极和吸附等领域都有新的开发前景与应用价值。

8.2.2 水凝胶材料

（1）水凝胶简介

水凝胶（Hydrogels）是一种结构中含有—OH，—NH_2，—COOH或—

SO_3H等极性或亲水基团，通过共价键、氢键等作用形成三维网络结构的交联聚合物，其在水中可吸收大量的水仍保持其形状和结构。水凝胶含有大量的功能团，作为新型功能高分子材料在水处理过程中体现出独特的环境敏感性和快速响应性，对废水的深度处理具有较显著的效果。作为水凝胶的一个重要分支，纤维素接枝系水凝胶克服了合成聚合物系水凝胶难于生物降解的缺点，加之纤维素来源广泛、成本低廉，合成的水凝胶具有废物再利用，且环境友好的优势，是近十几年吸水材料发展的一个重要方向，其作为水环境中理想的吸附剂，具有广泛的发展前景。此外，因为水凝胶具有的独特分子结构，既可以作为保水剂用于农田水肥的调控，也可以作为软模板用作金属纳米粒子的制备：吸附了氮磷的水凝胶可直接还田，吸附了重金属的水凝胶也可用于金属纳米粒子的原位转化，消除二次污染，总之水凝胶可实现对氮、磷和重金属资源的循环利用。近年来，利用生产生活中的固体废弃物，提取价格低廉的生物质材料，如秸秆基纤维素等，通过接枝聚合或共聚，制备具有独特空间结构的半互穿网络水凝胶，已经受到研究人员的广泛关注。通过引入不同的功能基团，提高凝胶的各种理化性能，并对其展开应用研究，成为凝胶材料的又一研究热点。

（2）水凝胶的制备与应用

木质纤维素（Lignocellulose）以木质素、纤维素和半纤维素为主要成分，是天然的高分子材料，具有来源丰富、易于获得和成本较低的优点。依托石化类产品人工合成后获得的聚合物水凝胶，在结构与性能方面确实具有精确可控的优势，但是基于天然高分子材料获取的水凝胶，在生物降解、环境相容等方面更具有其天然优势。为了降低在长期、大规模的应用后，水凝胶对人体可能产生的潜在危害，近年来诸多国内外学者开始研究以天然高分子材料为主，使用部分合成高分子改良的复合型水凝胶。由木质纤维素分离获取的纤维、半纤维素的分子链上含有较多羟基，通过直接交联或者改性后再交联的方法制备的水凝胶，已被证实在生物降解性和环境相容性方面，相较人工合成水凝胶具有更显著的改善。

纤维素（Cellulose）是由脱水D-葡萄糖组成的线性高分子多糖。纤维素内部含有许多氢键，导致其分子链具有高度聚集有序的结晶区，因此难以直接由纤维素制备水凝胶。以离子液体、尿素/NaOH体系为代表的纤维素溶剂的出现，通过纤维素酯化、醚化等化学手段改性，为纤维素交联获取水凝胶提供了有效方法。

利用羟丙基纤维素和聚乙二醇二缩水甘油醚为骨架进行交联，通过引发剂添加*N*-异丙基丙烯酰胺获得的互穿型水凝胶，其相变温度介于两种主要原料制备的水凝胶的相变温度之间。利用NaOH/尿素溶剂体系溶解纤维素，以环氧氯丙烷为交联剂制备具有多孔结构的水凝胶，研究了影响该水凝胶生成速度的主要影响因素，获得了最优溶胀率下的制备条件，并指出该水凝胶具备在真空干燥后仍能保持初始溶胀所吸收水分的70%这一特性。以氧氯丙烷为交联剂，用NaOH/尿素溶剂体系处理纤维素并添加海藻酸钠，获得多孔结构水凝胶。该水凝胶以纤维素为骨架，可以通过增加海藻酸钠的含量提高凝胶的溶胀率和孔径。将羟乙基纤维素改性后，和*N*-异丙基丙烯酰胺共聚制备的水凝胶，其最低共溶温度随羟乙基纤维素比例的增高而降低。运用尿素/NaOH体系，合成纤维素季铵盐，以环氧氯丙烷为交联剂，与阴离子型羧甲基纤维素钠溶入NaOH溶液，获得盐、pH双敏型水凝胶。并获得该水凝胶溶胀率的最低条件，即阴、阳高子型纤维素之比为2∶3，此时水凝胶整体为电中性，高分子链间静电斥力降到最低，从而降低了水凝胶的溶胀率。

采用水溶液聚合的方法，以小麦秸秆为骨架，以KOH中和的丙烯酸（AA）为亲水性基团进行接枝共聚，然后分别与非离子型线性高分子聚合物（聚乙烯醇PVA）和阳离子型线性高分子聚合物（聚二甲基二烯丙基氯化铵PDMDAAC）进行网络互穿，研制出具有半互穿网络结构的秸秆基水凝胶。通过测试水凝胶在自然条件下、在土壤中及加压条件下的保水能力，表明利用小麦秸秆制备的水凝胶具有良好的抗压效果与机械强度，在土壤保水、作为软模板用于纳米金属制备等领域具有较高的应用潜力。

从玉米秸秆中提取纤维素，再将制备好的纤维素进行不同配比下的水凝胶制备。通过分析与讨论得出水凝胶最佳制备条件，再通过单因素研究对水凝胶溶胀性能的讨论。制备水凝胶的最佳条件为：磷酸量15mL，纤维素质量0.75g，丙烯酸量7.5mL，*N*-*N'*-亚甲基双丙烯酰胺（MBA）质量0.025 g，过硫酸铵（APS）质量0.05g。在玉米秸秆纤维素制备水凝胶的过程中，过磷酸铵与*N*-*N'*亚甲基双丙烯酰胺（MBA）的质量比为2∶1时，制备出的水凝胶效果最好。但是随着丙烯酸量的增加，水凝胶的性能会出现下降，随着温度的升高，水凝胶的溶胀性能逐渐增大。

8.3 秸秆基胶黏剂

胶黏剂，又称胶水、黏合剂、胶黏剂等，具有黏接两种及两种以上相同材料或不同材料的能力，通过加热施压（热固型）、常温冷却（热塑型）等外界环境刺激进行固化以得到足够的黏合力、耐水强度等（各种指标满足国家不同类别标准）。

随着国民经济的迅速发展，胶黏剂在木材加工、建筑工程、轻化工程（纺织印染、包装、制浆造纸、皮革加工）等传统行业中扮演的角色愈加重要，在医疗、交通、电子产品、航天航空、军工领域等新兴产业中也展现出蓬勃的生机，它为各行各业的发展提供了重要的工具和手段，同时带动了科研领域和科学技术的飞速发展，逐渐成为科技、经济发展过程中不可忽视的一股力量。特别是在木材加工领域和纸质包装领域，胶黏剂的地位日益突出。

目前，绝大多数的胶黏剂基本是以石油基产品作为原材料，胶黏剂的原材料本身、制备过程及应用过程中均存在有害身体健康的危险。随着民众环保意识的增强和国家对胶黏剂绿色环保要求的提高，在原料来源绿色可持续、生产过程环境安全、产品使用无挥发性有毒有异味气体等方面，亟待新原料、新工艺、新技术的发展。秸秆中含有的纤维素和木质素成分在一定温度和改性条件下具有较强的胶黏作用，以纤维素、木质素等生物质资源代替石油化工原料，研究生物基胶黏剂在胶合强度及耐水性等方面的改进技术，具有重要的应用价值和现实意义。

8.3.1 纤维素基胶黏剂

纤维素通过物理或者化学改性，可制备多功能性材料。本文采用TEMPO体系制备氧化纤维素，通过酰胺反应将多巴胶盐酸盐接枝在TENPO氧化纤维素上，制备了一系列不同多巴含量的纤维素基胶黏剂。采用傅里叶变换红外光谱仪（FTIR）、核磁共振技术（NMR）和试验拉力机对胶黏剂的结构和性能进行了研究，并对胶黏剂的毒性和生物降解性进行测试。结果表明胶黏剂对猪皮的胶黏强度为（88.0±15.0）MPa，远远大于纤维蛋白胶[（12.0±4.0）kPa]，表明纤维素基胶黏剂具有较好的胶黏性能。细胞培养实验表明此胶黏剂具有良好的生物相容性和生物可降解性。此纤维素基胶黏剂具有环境友好、优异的生物相容性和生物可降解性等优点，可应用到电子和生物组织工程等领域。为了顺应市场需求和环境需要，无胶人造板应运而生，使用不同年份的玉米、油菜秸秆，通过湿法工艺制备无添加的纯生物质板，借助X射线衍射仪等技术研究成板过程中的自胶合机理，发现随着热压温度的升高（最佳为150℃），秸秆中的水解衍生物可发生聚合反应从而产生自胶合作用。

8.3.2 木质素基胶黏剂

木质素在植物体中是名副其实的“黏合剂”，它将纤维素、半纤维素等“黏接”到一起共同形成稳定的交联体系，构成了植物骨架的主要结构。基于此，多年来人们始终致力于研究利用木质素作为原材料来制备能够满足实用要求的木材胶黏剂。利用木质素或改性木质泰替代部分石油基化合物来合成酚醛树脂、脲醛树脂等传统木材胶黏剂的技术已经较为成熟，且成功地实现了工业化生产。但是，以木质素为主体且制备过程不含高毒性化合物的环保型木材胶黏剂却鲜有真正成功的例子，大多数研究还停留于实验室阶段。

（1）木质素-糠醛胶黏剂

木质素作为一种多酚聚合物，可替代苯酚用于制备诸多化学品。糠醛是一种来源于农产品的天然化学品，分子中含有大量的醛基和三烯基醚等官能团，具有很高的反应活性。因此，利用木质素替代苯酚，糠醛替代甲醛制备木质素-糠醛胶黏剂，既解决了酚醛树脂的安全性问题，又提高了木质素和糠醛的利用率。

利用水解木质素和羟甲基糠醛，在Lewis酸催化条件下成功制备了木质素-糠醛胶黏剂，产率高达85%。采用炼制木质素和糠醛在NaOH催化条件下成功制备了木质素-糠醛胶黏剂，并且对木质素酚化工艺和胶黏剂合成工艺进行了优化。有研究发现，经过二氧化氯氧化处理的甘蔗渣木质素和棕榈纤维木质素更容易与糠醛之间进行Diels-Alder反应，反应过程中愈创木基和紫丁香基的邻位有大量醌型结构生成，这是木质素反应活性增加的主要原因。

（2）木质素聚氨酯胶黏剂

木质素可以看作一种多元醇结构，能够与异氰酸酯反应，因此可以利用木质素为原料制备聚氨酯胶黏剂。与传统的木材胶黏剂相比，木质素-聚氨酯胶黏剂价格更具优势，因此在发达国家的木材加工行业得到了广泛的应用。

利用碱木质素代替聚乙烯醇（PVA），以天然橡胶胶乳（NRL）作为骨架材料，多异氰酸酯作为固化剂，制备了木质素-聚氨酯胶黏剂，且所制备的胶合板剪切强度最大可达到4.79MPa。利用木质素磺酸钙和乙二醛进行羟基化反应，将得到的羟基化木质素与二苯基甲烷二异氰酸酯（MDI）进行复配制备聚氨酯胶黏剂，分别探究了木质素与不同比例乙二醛的羟基化，以及不同轻基化木质素与MDI比例对聚氨酯胶黏剂的影响。将木质素与MDI在90℃条件下预反应60min，制得功能化木质素，然后将功能化木质素与异氰酸酯预聚体进行反应制备聚氨酯胶黏剂，该胶黏剂耐水性能优良，干胶合强度可达13.05MPa，湿强度可达9.39MPa。利用大豆油和硫酸盐木质素两种天然资源制备了非异氰酸酯基聚氨酯胶黏剂，其生物质含量高达85%，最大胶合强度达1.40MPa。

（3）木质素-单宁胶黏剂

单宁是植物产生的复杂多酚，与苯酚的化学结构极为相似。常见的单宁胶黏剂主要以单宁为主体，配以适当的固化剂制备而成，其主要特点为反应活性高、固化速度快。

将溶剂型木质素进行羟乙基化处理得到活性较高的羟乙基化木质素，然后将羟乙基木质素、单宁、固化剂均匀混合，所制备胶黏剂生物质含量高达99.5%。利用该胶黏剂制备了剪切强度达到1.20MPa的胶合板和内结合强度0.52MPa的刨花板。对木质素磺酸钙-单宁胶黏剂进行了系统的研究，与Navarrete等的区别在于配胶过程中添加了不同比例的MDI，以提高胶黏剂的整体性能。

（4）木质素-聚乙烯亚胺胶黏剂

木质素中的酚羟基能够与聚乙烯亚胺（PEI）中的氨基基因发生反应，研究人员对木质素与PEI共混制备胶黏剂进行了多方面探索。

在室温下将木质素硫酸盐和PEI混合制备了一种新型木材胶黏剂，同时优化了胶黏剂配方和热压工艺，成功制备出剪切强度可达5.50MPa，湿强度达到1.92MPa的胶合板。利用双氧水对木质素磺酸胺进行氧化预处理，然后与PEI共混成功制备了木质素-PEI胶黏剂。有研究将木质素进行活化处理，然后与PEI共混制备出胶合强度与酚醛树脂相近的木材胶黏剂。有学者对于木质素-PEI可能存在的固化机理进行了深入研究，认为在热压过程中，木质素中的酚羟基先被氧化为醌基，再进一步与PEI中的氨基进行反应，最终形成交联网状结构。

（5）基于漆酶处理的木质素胶黏剂

早在1993年就已有漆酶应用于纤维板制备情况。利用漆酶处理山毛榉纤维，然后利用其制备纤维板，并进行了中试生产，最终可制得内结合强度为0.96MPa的纤维板。非酚型木质素在漆酶催化下生成苯氧自由基，自由基之间进一步反应生成复杂的糖类，将木质素、纤维素和半纤维素黏合在一起，起到胶合作用。这是利用漆酶处理木质素制备纤维板的机理，同样也为后续采用漆酶处理木质素制备木材胶黏剂提供了理论基础。将木质素磺酸盐用漆酶发酵制备了可在室温固化的胶黏剂，所制胶合板的胶合强度可达2.00MPa，但耐水性需要进一步提高。将漆酶处理的炼制木质素配以适量的聚乙烯醇、糠醛及PMDI等制备出一种环保胶黏剂，并且利用该胶黏剂制备了剪切强度0.95MPa、湿强度0.53MPa的胶合板。

8.4 秸秆基汽车内饰材料

随着科技的发展，汽车行业得到了快速的发展。汽车在给我们出行带来便利的同时也加剧了对环境的污染。在能源危机和环境危机日益严重的情况下，节能减排成为世界各国亟须解决的难题之一。目前，为了降低能耗和减少排放，电动化和轻量化是汽车技术的两个重要途径。新能源汽车由于储能装置的增加，相比传统燃油车在整车重量上有所增加，因而提升储能容量、降低能耗是亟待解决的问题。汽车轻量化是降低能耗的有效方法，试验表明，汽车的总重量每减轻10%，油耗可降低6%～8%，汽车的续驶里程可提高5%～8%；电动汽车整车重量每减重10%，电耗将下降5.5%。因此，轻量化设计对汽车的节能减排具有显著作用。

8.4.1 秸秆基汽车内饰的优点

汽车内饰是汽车车身的重要组成部分，是汽车驾驶员和乘客直接接触或使用的车内系统或零件。目前，汽车内饰零件材料主要由各类塑料及其复合材料构成，例如聚丙烯（PP）、聚氯乙烯（PVC）、聚乙烯（PE）、丙烯腈-丁二烯-苯乙烯（ABS）等。这些材料的优点是机械性能较好、易回收、绝缘性好、加工性能优良。但随着汽车安全和环保、消费者的感知等需求逐步提升，传统塑料制成的内饰件密度大、气味性差、挥发性有机化合物（VOC）较多等问题逐渐显现出来。因而开发新型低密度、环保、气味性好、低VOC的汽车内饰新材料已是汽车材料产业界的重要任务之一。

天然植物纤维素的纤维形态具有长径比大、比强度高、比面积较大、密度低及可生物降解等优点，植物纤维/热塑性树脂（简称PFRPT）共混的复合材料制品具有轻质、廉价、加工性好、设备磨损小、可再生及可生物降解等诸多优良性能，是制备汽车内饰的良好材料。近年来，以植物纤维和热塑性塑料为原料制备的复合材料实现了植物纤维资源的材料化利用，凭借高强度、微降解性、易加工成型等特性，被广泛应用于家具制造、建筑行业、包装运输及汽车内饰等领域。其中，秸秆纤维增强聚丙烯（PP）复合材料不仅高价值地利用废弃秸秆资源，降低成本，而且以改善车内气味性的特性被广泛应用于车门内衬件、座椅背板及车内其它塑料零件。天然纤维复合材料在汽车工业上的应用已成为美国、德国、日本等汽车行业发达国家的研究热点，这与汽车工业寻求成本更低、重量更轻、环境友好的新材料发展趋势相一致。国外一些公司对麻纤维复合材料在汽车上的应用研究已取得了较大的进展，并逐步走向产业化。我国在此方面也进行了深入研究，并取得了一定的研究和应用成果。

8.4.2 制备工艺与应用

植物纤维复合材料是一种以秸秆、麻、木材、竹子等植物纤维与聚烯烃塑料经过共混改性挤出制成的材料，具有材料成本低、力学性能好、气味性好、VOC含量低等优点，在飞机、高铁、汽车内饰零件上具有广泛的应用前景，如汽车门内饰板、风扇罩、座椅和仪表板等。图8.4是植物纤维复合材料在汽车内饰件中的应用。我国作为农业大国，每年都需要种植大面积的农作物，因此，废弃的秸秆资源非常丰富，较为常见的农作物秸秆有小麦秸秆、水稻秸秆、芦苇秸秆及玉米秸秆等。秸秆大部分被丢弃或者焚烧，不仅造成资源浪费，而且造成一定程度的环境污染。目前农业固废物的综合高值化利用也是产业化研究的热点问题，国家《节能与新能源汽车产业发展规划（2012～2020年）》中将植物纤维复合材料作为重要研究内容列入未来产业发展规划。

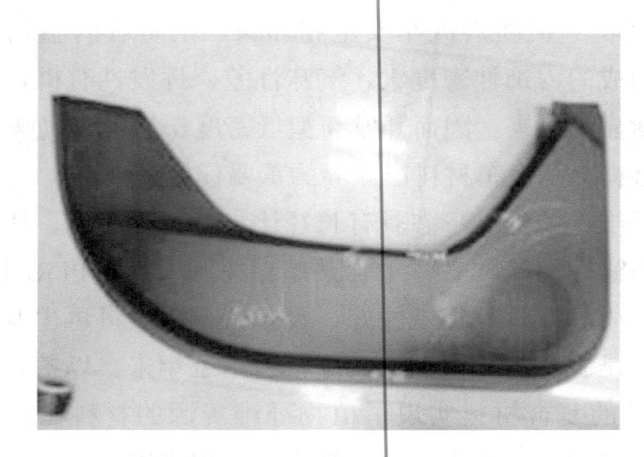

图8.4　秸秆纤维/PP复合材料汽车门饰板零件实物图

对汽车内饰材料的VOC含量进行了研究，并指出活性炭是一种很好的吸附剂，可以去除汽车内的甲醛成分并减轻刺激性气味。植物纤维复合材料经过高温后会发生碳化现象，因此由植物纤维复合材料制成的内饰件可以降低汽车内部的甲醛含量和气味性。

以高密度聚乙烯/麦秸秆为实验对象，研究发泡剂种类对微发泡复合材料的力学性能和密度的影响。最终得出结论：AC的发泡效果要优于$NaHCO_3$，当AC含量的增加时，复合材料的拉伸强度先变大后变小，而且以AC作为发泡剂的HDPE/麦秸秆复合材料拉伸和冲击强度均高于以$NaHCO_3$作为发泡剂的复合材料，且密度更小，更轻质。发泡剂的粒径和含量对微发泡植物纤维复合材料泡孔结构和力学性能有较大影响，随着AC含量的增加，微发泡复合材料的密度、机械强度和平均泡孔直径均会减小，而泡孔密度增加；与小粒径的发泡剂相比，大粒径的发泡剂得到的泡孔尺寸小、泡孔密度大，然而发泡材料机械强度降低。发泡温度和发泡时间对木质纤维（木粉和麦秸粉）/聚苯乙烯复合材料的力学性能和泡孔结构也有一定的影响，当选择120℃作为发泡温度和180s作为发泡时间时，获得了最佳结果，此时复合材料的密度降低超过80%。当温度过高或者过低时，发泡复合材料的性能降低，并且高温还会降低复合材料的模量。

目前秸秆纤维/PP复合材料的制备工艺主要为模压成型及热压成型，对材料的性能研究集中在力学性能等材料特性方面，对注塑成型性能方面研究较少。随着计算机辅助工程（CAE）分析技术的发展与应用，模流分析对注塑成型工艺设计越来越重要。在注射成型CAE软件中，塑料材料的性能参数十分重要，不同的性能参数将导致完全不同的模拟结果。因此，获得所用材料准确的性能参数是使用CAE软件的前提条件。其中，聚合物的流变本构方程明确黏度与熔体压力、温度、剪切速率之间的定量关系，表征熔体的流动性能，是进行注塑成型模流分析的基础。目前国内外对于复合材料流变性能及本构方程进行了许多研究。制备了不同AO-60含量的AO-60/丁腈橡胶复合材料，并进行了压力-比容-温度（PVT）测试和Tait状态方程的参数拟合，发现复合材料的热膨胀系数 α 和等温压缩系数 β 随AO-60含量的增加而增加。对不同发泡剂含量的微发泡PP材料进行了黏度测试，探究了气体含量、温度和剪切速率对发泡PP熔体黏度的影响规律，建立了基于发泡熔体的修正Moldflow黏度模型，并对该模型进行了参数拟合与对比验证。由于秸秆纤维与其它填充物在理化性质上存在较大差异，因此很有必要对秸秆纤维复合材料的流变本构特性进行研究，从而为该材料的注塑成型研究提供理论基础。以秸秆纤维/聚丙烯（PP）母粒和PP为主要原料，利用双螺杆挤出机共混挤出造粒制备了不同纤维含量的汽车内饰用秸秆纤维/PP复合材料。通过对复合材料的压力-比容-温度（PVT）特性和黏度特性进行测试分析，建立了不同秸秆纤维含量的秸秆纤维/PP复合材料的PVT曲线和黏度曲线，探讨了纤维含量对材料PVT特性和黏度特性的影响规律。

参考文献

[1] 杨智杰. 3D打印制备纤维素功能复合材料及其性能[D]. 成都: 西南交通大学, 2021.

[2] 韩梓军，查东东，银鹏，等. 表面光交联对热塑性淀粉塑料力学和耐水性能的影响[J]. 中国塑料，2018, 32(5): 62-66.

[3] 查东东，郭斌，李本刚，等. 热塑性淀粉耐水性的化学与物理作用机制[J]. 化学进展，2019, 31(1): 156-166.

[4] 周南，周赟霞，殷嘉钰，等. 国内可完全降解塑木复合材料的研究进展[J]. 广州化学, 2019, 44(3): 59-64.

[5] 杜德焰，钟培金，杨艳，等. 纤维/聚乳酸复合材料的研究[J]. 广州化学, 2019: 07-12.

[6] 赵鲲鹏，巴子钰，张庆法，等. 新型木塑3D打印材料聚乳酸/木粉复合材料的非等温结晶动力学[J]. 塑料科技, 2017, 45(12): 76-80.

[7] 余旺旺. 聚乳酸基生物质3D打印材料的研究[D]. 南京: 南京林业大学, 2017.

[8] ROSENZWEIG D H, CARELLI E, STEFFEN T, et al. 3D-printed ABS and PLA scaffolds for cartilage and nucleus pulposus tissue regeneration[J]. International Journal of Molecular Sciences, 2015, 16(12): 15118-15135.

[9] 曹燕琳，尹静波，颜世峰. 生物可降解聚乳酸的改性及其应用研究进展[J]. 高分子通报, 2006(10): 90-97.

[10] 汪昊. 聚乳酸复合材料的制备与性能[D]. 广州:华南理工大学, 2013.

[11] 高黎, 王正. 木塑复合材料的研究、发展及展望[J]. 人造板通讯, 2005, 2: 5-8.

[12] 陈硕平, 易和平, 罗志虹, 等. 高分子3D打印材料和打印工艺[J]. 材料导报, 2016, 7: 54-59.

[13] 张敏, 丁芳芳, 李成涛, 等. 不同处理方法及改性剂对秸秆纤维/PBS复合材料性能的影响[J]. 复合材料学报, 2011, 28(1): 56-60.

[14] 王溪繁. 竹原纤维3D打印复合材料性能的研究[D]. 苏州:苏州大学, 2009.

[15] 万正龙. 竹粉-PVC复合材料的制备及性能研究[D]. 武汉:华中农业大学, 2010.

[16] 梁晓斌. 汉麻/聚乳酸全降解复合材料的制备和性能研究[D]. 大连:大连理工大学, 2010.

[17] 王娟. 纳米纤维素/聚乳酸可生物降解复合材料的制备及性能研究[D]. 南宁:广西大学, 2013.

[18] 魏志平, 王涛. 无机盐诱导凝胶法制备纤维素气凝胶[J]. 过程工程学报, 2013, 13(2): 351-355.

[19] 王飞, 刘朝辉, 叶圣天, 等. SiO_2气凝胶保温隔热材料在建筑节能技术中的应用[J]. 表面技术, 2016, 45(2): 144-150.

[20] 伍锦绣, 董勇, 夏剑雨, 等. 高吸液性木质纤维气凝胶的制备及表征[J]. 林产化学与工业, 2020, 40(3): 52-56.

[21] 吴远艳. 纤维素溶剂化及溶解机理研究[D]. 北京:北京林业大学, 2015.

[22] 陈琪. 纸浆气凝胶的制备及性能研究[D]. 广州:仲恺农业工程学院, 2019.

[23] 任俊莉, 彭新文, 孙润仓, 等. 半纤维素功能材—水凝胶[J]. 中国造纸学报, 2012, 26(4): 49-53.

[24] 熊富华. Na-CMC/PNIPAAm Semi-IPN pH/温度敏感水凝胶的制备及性能研究[D]. 广州:广东工业大学, 2007.

[25] 李娜. 敏感水凝胶用于重金属离子的吸附及利用[D]. 合肥:安徽大学, 2010.

[26] 岳玉梅, 苏雪峰, 王丕新. PAA/PVA互穿网络水凝胶膜的制备和药物输送研究[J]. 化工新型材料, 2008, 35(12): 37-39.

[27] 卢国冬, 燕青芝, 宿新泰, 等. 多孔水凝胶研究进展[J]. 化学进展, 2007, 19(4): 485-493.

[28] 王彩霞, 杨光, 洪枫. BC/PAM双网络水凝胶的制备及性能研究[J]. 纤维素科学与技术, 2012, 20(3):1-5.

[29] 徐善军, 离永康, 萧聪明. 羧化淀粉/PVA复合水凝胶的制备与性质研究[J]. 工科科技, 2010, 18(4): 9-12.

[30] 刘捷, 杨旭阳, 汤克勇. 物理交联聚乙烯醇/明胶复合水凝胶透明性的溶剂敏感性[J]. 高分子材料科学与工程, 2012, 28(9): 69-72.

[31] 林友文, 庄小慧, 李光文, 等. 壳聚糖－羧甲基壳聚糖水凝胶的温敏性及体外药物缓释试验[J]. 中国现代应用药学, 2010, 27(7): 626-630.

[32] Liu W, Song H, Wang Z, et al. Improving mechanical performance of fused deposition modeling lattice structures by a snap-fitting method [J]. Materials & Design, 2019, 181: 108065.

[33] Liu W, Song H, Huang C. Maximizing mechanical properties and minimizing support material of PolyJet fabricated 3D lattice structures [J]. Additive Manufacturing, 2020, 35: 101257.

[34] 易国斌, 崔英德, 杨少华, 等. NVP接枝壳聚糖水凝胶的合成与溶胀性能[J]. 化工学报, 2005, 56(9): 1783-1789.

[35] 孙姣霞, 罗彦凤, 彭辉, 等. 一种pH敏感性智能水凝胶的合成与表征[J]. 高分子材料科学与工程, 2009,

25(9): 138-141.
[36] 刘慧珍，张友全，武波．淀粉水凝胶吸液速率测定方法[J]．应用化工, 2007, 36: 191-201.
[37] 苏园．秸秆基水凝胶的研制与吸附性能研究[D]．济南:山东大学, 2016.
[38] 候兆超，张仑．利用玉米秸秆纤维素制备水凝胶的研究[J]．环境科学与管理, 2022, 47(7): 156-161.
[39] 唐巧林．玉米秸秆纤维素基吸水复合材料制备和性能研究[D]．成都：西华大学, 2021.
[40] 杨文玲，王妨荼．玉米秸秆纤维素提取工艺优化[J]．安徽农业科学, 2019, 47(1): 198-201.
[41] 崔瑞林．玉米秸秆纤维素的改性及染料吸附性能研究[D]．青岛：青岛理工大学, 2021.
[42] 胡新月，谷芳，邻明，等．玉米秸秆纤维素的研究进展[J]．山东化工, 2021, 50(12): 71 -73.
[43] 孙茜．玉米秸秆再生的微纳米纤维素及其增强组织工程水凝胶的制备和性能研究[D]．上海：上海交通大学, 2019.
[44] 周定国，汤正捷，张芮．我国秸秆人造板产业的腾飞与超越-胶黏剂与其他添加剂[J]．林产工业, 2016, 43(9): 3-5.
[45] 张红杰，张显权，卢杰．改性脲醛树脂胶玉米秸秆皮碎料板的制备工艺[J]．东北林业大学学报, 2012, 40(6): 99-101.
[46] 黄莉莉．农作物秸秆板材的制备及其自胶合机理的研究[D]．合肥，安徽农业大学, 2016.
[47] 陈艳艳，常杰，范娟．秸秆酶解木质素制备木材胶黏剂工艺[J]．化工进展, 2011, 30(s1): 306-312.
[48] 孔宪志，赫彝姗，刘彤，等．木质素共混改性聚氨酯胶黏剂的研究[J]．粘接, 2015, 36(6): 37-41.
[49] 马鸣图，易红亮，路洪洲，等．论汽车轻量化[J]．中国工程科学, 2009, 11(9): 20-27.
[50] 曾雄，孟正华，郭巍，等．汽车内饰用秸秆纤维/聚丙烯复合材料流变本构方程的建立[J]．复合材料学报, 2021, 38(10): 3351-3360.
[51] 谈政，梅皓然，王艳红．汽车内饰件用麻纤维板VOC的探讨[J]．汽车零部件, 2015, (6): 19-23.
[52] SuX P, Liao Q, Liu L, et al. Cu20 nanoparticle-functionalized cellulose-based aerogel as high-performance visible-light photocatalyst[J]. Cellulose, 2017, 24(2): 1017-1029.
[53] [95]韩璐．基于层次分析法的汽车内饰材料挥发性有机物(VOC)的表征与综合评价[D]．上海:东华大学, 2015.
[54] 谢祖峰．汽车座椅挥发性有机物(VOC)对车内空气质量影响的试验研究[D]．广州:华南理工大学, 2012.
[55] 刘彬，李彬，王怀栋，等．木塑复合材料应用现状及发展趋势[J]．工程塑料应用, 2017, 45(1): 137-141.
[56] 朱碧华，何春霞，石峰，等．三种壳类植物纤维/聚氯乙烯复合材料性能比较[J]．复合材料学报, 2017, 34(2): 291-297.
[57] 龚新怀，陈良壁．茶粉/聚丙烯复合材料自然老化性能[J]．复合材料学报, 2016, 33(7): 1437-1445.
[58] 任保胜，王瑞，任金芝，等．纳米TiO_2/碳化植物纤维复合材料的制备与光催化性能[J]．复合材料学报, 2020, 37(5): 1138-1147.
[59] 王忠元．秸秆/PP复合材料的制备与注塑成型研究[D]．杭州：浙江工业大学, 2020.
[60] CHUNXIA H, RENLUAN H, JIAO X, et al. The performance of polypropylene wood-plastic composites with different rice straw contents using two methods of formation[J]. Forest Products Journal, 2013, 63(1-2): 61-66.
[61] 刘祯．麦秸纤维/聚丙烯复合材料的制备与性能研究[D]．西安:西安工业大学, 2012.

[62] 李瑞. 填料增强回收聚丙烯基复合材料制备及性能[J]. 塑料. 2018, 47(4): 50-54.

[63] MIHAI M, TON-THAT M. Valorization of triticale straw biomass as reinforcement in proficient polypropylene biocomposites[J]. Waste and Biomass Valorization, 2018, 9(10): 1971-1983.

[64] 侯人鸾, 何春霞, 薛娇, 等. 麦秸秆粉/PP木塑复合材料紫外线加速老化性能[J]. 复合材料学报, 2013, 30(5): 86-93.

[65] 周华民, 燕立唐, 黄棱, 等. 塑料材料的流变实验与流变参数拟合[J]. 中国塑料, 2001(11): 51-54.

[66] SONG M, QIN Q, ZHU J, et al. Pressure-volume-temperature properties and thermophysical analyses of AO-60/NBR composites[J]. Polymer Engineering & Science, 2019, 59(5): 949-955.

[67] MAGALHAES D S, SARA P, LIMA P S, et al. Rheological behaviour of cork-polymer composites for injection moulding[J]. Composites Part B: Engineering, 2016, 90: 172-178.

[68] 祝铁丽, 王敏杰. 用于非稳态过程计算的高聚物p-v-T状态方程[J]. 高分子材料科学与工程

[69] 杨雁兵. 聚合物微发泡流体流变性能的研究[D]. 郑州: 郑州大学, 2019.

[70] 冯奇. 碳纤维复合材料汽车翼子板构件的设计及性能分析[J]. 上海塑料, 2019, (4): 58-64.

[71] 戴文硕. 汽车内饰天然纤维复合材料性能研究及生命周期评价[D]. 长春: 吉林大学, 2017.